近代農政を作った人達

樋田魯一と南一郎平のこと

加來 英司

東京図書出版

昭和の終り、昭和天皇は病重く下血されていた。御病状は毎日のニュースで痛々しく報じられていた。医師は一杯のクズ湯を差しあげた。天皇はもう一杯とおかわりを所望されたがかなわず、崩御された。

年が明けて時代は平成となった。

平成十一年四月五日、ルクセンブルク大公国の大公殿下と妃殿下が我が国を御訪問された。その時の宮中晩餐会での今上陛下のおことばに、

「貴国との国交は一九二七年、安達峯一郎ルクセンブルク駐箚（さつ）初代日本公使が殿下の母君のシャルロット女大公殿下に信任状を捧呈したことによって始まりまし

たが、それ以前、貴国を訪れた日本人として記録に残っておりますのは、一八八六年、谷干城（たにたてき）農商務大臣の欧米の農業事情視察に随行した樋田魯一（ひだろいち）であります。その視察記録の中に、それぞれの国で最も着目されるものが揚げられていますが、ルクセンブルクでは土地の区画、耕作路、灌漑（かんがい）、散らばっている土地の分合交換が記されています。二〇〇年以上にわたって続けられた鎖国政策を変更し、諸外国との間に国交を樹立してまだ日の浅い我が国にあって、様々な分野で、それぞれ欧米のしかるべき国々から力を尽くして多くのことを学ぼうとしていた当時の我が国の様子が想像され、感慨を覚えます。……」

谷大臣の欧米巡回は、明治十九年奥水産局長、樋田書記官、柴秘書官、道家、関、牧野の属官、合計七名の編成で出発した。後に村田砲兵中尉が加わって、フランス、ドイツ、ルクセンブルク他ヨーロッパ各国の農業を巡回調査した。この巡回取調書の原文は次のとおり。

巡回路次ノ概略

谷農商務大臣ノ歐米巡回ハ明治十九年三月十三日東京ヲ發程シ二十年六月廿三日歸朝ス隨行官ハ水産局長奥青輔、書記官（巡回中參事官ニ轉任セリ）樋田魯一、秘書官柴四郎、一等屬（巡回中農商務屬トナレリ）道家齊、一等屬（上仝）關澄藏、七等屬（上仝）牧野健藏以上一行七名ナリ

巡回中（自十九年五月至二十年四月）村田陸軍砲兵中尉（巡回中大尉ニ昇進ス）陸軍省協議ノ上谷大臣へ隨行セリ

大臣並隨行員ハ横濱ヨリ馬耳塞（マルセイユ）港ニ着ス其中間大臣及柴、道家ノ三名ハ蘇西（スエズ）ヨリ上陸シ埃及（エジプト）ノ內地ヲ經過アレキサンドリーニテ再ヒ乘船ス

大臣並隨行員一同ハ馬耳塞（マルセイユ）ヨリ巴里（パリ）府へ達ス

五月十一日關ハ伯林（ベルリン）府へ派遣シ嗣後獨乙（ドイツ）國ニ滯在シテ農務ノ取調ニ從事ス

五月十五日牧野ハ海牙（ハーグ）府へ派遣シ嗣後荷蘭陀（オランダ）那威（ノルウェー）ニ渉リ水産上ノ取調ニ從事シ八月廿二日伯林（ベルリン）府へ達シ（再ヒ十一月十四日荷蘭陀（オランダ）ニ赴キ二十年一月十一日伯林（ベルリン）着）後遂ニ

奥ノ卒去迄伯林（ベルリン）ヘ滞在ス

三月廿七日ヨリ大臣並奥、樋田、柴、村田、道家ハ佛國ヲ巡回シ六月十一日瑞西（スイス）ニ移リ同國ノ巡回ヲナシ巴威里（バイエルン）國ヲ經テ六月廿四日維也納（ウィーン）府ニ達ス

七月四日奥ハ伯林（ベルリン）ヘ派遣嗣後獨乙（ドイツ）國ニアリテ水産務ノ取調ニ從事ス

六月廿四日以降大臣幷樋田、柴、村田、道家ハ墺（オーストリア）國ヲ巡回シ（奥モ七月三日迄ハ仝上）七月七日匈牙利（ハンガリー）國ニ移リ仝十六日維也納（ウィーン）ヘ歸リ大臣並村田ハ八月十日迄樋田ハ七月廿一日迄柴、道家ハ十月三十一日迄維也納（ウィーン）滞在

七月廿二日樋田ハ比律悉（ブリュッセル）府ヘ派遣嗣後十一月三日迄白耳義（ベルギー）國陸參堡（ルクセンブルク）國荷蘭陀（オランダ）國ニ渉リ巡回及滞在ニテ農商務ノ取調ニ從事シ十一月四日伯林（ベルリン）ヘ達ス

八月十一日大臣ハ村田大尉ヲ随ヘ魯國（ロコク）ヘ巡回仝卅一日維也納（ウィーン）歸着十月三十一日迄維也納（ウィーン）滞在

十一月一日大臣幷柴、村田、道家ハ維也納（ウィーン）ヲ發シ仝二日伯林（ベルリン）ニ達シ仝十四日迄滞在

伯林（ベルリン）ニ於テ奥ハ獨乙（ドイツ）國樋田ハ佛蘭西（フランス）國農商務ノ取調ヲ命セラル

十一月十四日樋田道家ハ佛國ニ出發途上獨乙國（ドイツ）ヲ巡回シ十一月二十日巴里（パリ）ヘ達ス

十一月十五日ヨリ大臣幷柴、村田、關ハ獨乙國（ドイツ）ヲ巡回シ十一月三十日索遜（ザクセン王国）（その後ドイツへ併合）ニ至リ十二月六日（關ヲ除ク）維也納（ウィーン）ヲ經テ土耳其（トルコ）希臘（ギリシャ）ヲ巡回シ二十年一月十二日伊太利（イタリー）コリントニ達ス爾後四月三十日迄伊國巡回及滯在

十二月六日關ハ伯林（ベルリン）ヘ歸ル

十二月廿六日ヨリ奥ハ伯林（ベルリン）ニ在テ病ニ罹リ遂ニ二十年八月三日卒去ス

二十年二月六日樋田道家ハ巴里（パリ）ヲ發シ仝八日伊太利羅馬府（イタリーローマ）ニ至リ更ニ命ニ依リ同國ヲ巡回シ三月一日佛國ニ移リ地方巡回ノ上三月十九日巴里（パリ）ヘ達ス爾後巴里（パリ）滯在

二十年四月一日大臣幷柴、村田ハ伊太利（イタリー）ヨリ巴里（パリ）ヘ着ス

同月九日關ハ伯林（ベルリン）ヨリ巴里（パリ）ニ着

同月十六日大臣幷樋田、柴、道家、關ハ巴里（パリ）ヲ發シ龍動（ロンドン）ニ達ス

同日以降村田ハ随行員ヲ脱シテ佛國ニ在留ス

同月三十日迄大臣幷樋田、柴、道家、關ハ英國ヲ巡回シ同日リバポールニテ乗船シ五

月十一日米國紐育府(ニューヨーク)へ達ス以降米國ヲ巡回シ六月四日 桑港(サンフランシスコ) 發六月廿三日歸朝
十月卅一日牧野ハ獨乙(ドイツ)ヲ發シ十二月廿七日歸朝
(『欧米巡回取調書一 総覧』明治二十一年二月版 農商務省藏版。なお地名の振がなと注書は筆者加筆。また、読みやすくするため読点を追加している)

樋田魯一が随行を命ぜられた谷干城のことについては、昔、子供の頃メンコと云うかパッチンと云うか地方によって呼び方は違っていたが、子供の遊びがあった。近頃はこれで遊んでいる子供をまったく見掛けなくなったが、円い厚紙で表に武将などの絵があって、相手のパッチンを打ち返したら勝という勝負で、皆熱中して遊んだ。そのパッチンの中にタニカンジョウと云う中版の一枚があって、威厳のある鼻ひげの強そうな将軍絵があった。子供達は皆これを大事にして、裏にロウをたらして簡単には裏返されぬように重みをつけるなどして、いざ勝負という時、期待を込めてこれを使った。谷干城、なつかしい名前である。

西南戦争の時、薩摩の西郷軍の進撃を熊本鎮台でくい止めた。谷は西郷軍から土百姓兵とさげすまされていた徴兵軍を指揮して守備し、三ヶ月もちこたえた熊本鎮台の司令長官であった。

本隊では、陸軍中将山縣有朋が征討参軍となり、率いる陸軍は熊本城に籠城する鎮台兵を援助のため進軍し、田原坂まで達したが、田原坂では薩摩軍の守備がかたく政府軍は進撃をはばまれた。政府軍は攻めあぐねて激戦が続いた。

田原坂、ひどい坂道ではない。だらだらとひたすら上り坂となっている田舎道である。坂の下から政府軍が攻撃して攻める。坂のいたる所に塹壕を掘って薩摩軍が鉄砲を撃って防戦する。警察隊は新しいサーベルを振りかざして切りこむなど、攻防十七日の激戦となった。現在でも敵味方の鉄砲玉が空中で行きあってくっついたものが拾えるなど、政府軍は一日で三十二万発も撃ったらしい。長い日にちの激戦の後、薩摩軍は宮崎方面をまわって鹿児島に帰り、城山に籠城した。

雨は降る降る　人馬はぬるる
越すに越されぬ　田原坂
チャカホイ　チャカホイ

戦後、谷干城は中將に昇進し、陸軍士官学校長、学習院院長を歴任の後、農商務大臣となる。

熊本では昭和の初期まで、兵隊さんのことを親しく鎮台さんと言っていた。

樋田魯一は、十二歳の若い時から樋田村の庄屋を務めていたが、明治になって小倉県の第九区長となり、第一回地方官会議に小倉県から推挙されて傍聴人として上京出席した。会議終了後、内務省に採用され、その後農商務省に転じ、谷大臣の欧米巡回に随行し、欧米の農商事を見聞した。明治以降の近代農政を作った男の一人である。

先ず、明治六年樋田魯一は広瀬井手について、南一郎平の難工事のあとを受けて惣轄を引受けることとなった。

南一郎平と樋田魯一がかかわった広瀬井手について

大分県の宇佐地方には、完成までに百二十二年かかった井路がある。広瀬井手で農民の執念の工事であった。

広瀬井手について書かれたものを調べてみると、だいたい同じような内容であったので、昭和二十七年、広瀬井堰土地改良区の作成した『広瀬井堰沿革史』と、平成六年、豊の国宇佐市塾発行の『南一郎平の世界』を底本とした。

宇佐の山間部から流れ出た駅館川（やっかんがわ）は、下流域で宇佐平野を真っ直ぐに北上して周防灘に流れ出ているが、その右岸は川よりも二十米（メートル）も高い台地となっていて、ところどころに溜池はあるものゝ灌漑（かんがい）反別はわずかに二十数町歩（ヘクタール）で、沿村千数百戸の農民の大多数は、畑作によって生活するほかないひどい状態であった。

広瀬井路の灌漑地域は、大分県の南宇佐、北宇佐、高森、金屋、長洲（ながす）、大堀および佐々礼の七ヶ村にわたる。

昔、領主に納める年貢の割当にあたっては、米のほか畑作の粟、大豆、小豆、その他の雑穀をあてたが、それがまた大変な難事であった。

これらの村落は宇佐神領を肥前島原藩主松平氏の分領地であったが、対岸の駅館川左岸の村々は水利に恵まれた平野で、生活は割と豊かな幕府直属の天領地であったから、東岸の住民は西岸に比べて何かと悲哀を感じ続けていた。

このような地域の窮状を見るにしのびず、何人かの義人が相次いで出て、井路の開さくに力をつくした。

今から二百六十六年前の宝暦元年（一七五一）、宇佐神宮庁が社費をもって広瀬井路の開さくを代官の麻生（あそう）善右衛門に命じたことに始まる。この工事で駅館川上流（津房川）の広瀬村に取水口をもうけ、六年の後宇佐地獄谷までの通水に成功したが、なにぶんにも白（しろ）岩（いわ）地区の対岸である字百重（ひゃくじゅう）はそびえ立つ断崖が数百間も連なっており、これを掘りぬくことができず、断崖に鎖でつないだ木製の樋（とい）を架け渡して辛うじて通水したが、まもなくそれもこわれ落ちてしまい、また拝田（はいた）附近のトンネルも崩れてしまったため、あまりの難工事についに断念した。

第二回の企ては、文化十一年（一八一四）から文政四年（一八二一）までの八年間で、宇佐の庄屋富田久兵衛が日田の技術者丸屋矢野興兵衛を招いて二人の協力で行われた。矢野興兵衛は日田地方の疏水工事でトンネル工事の経験があった。宇佐に来て宝暦工事の遺蹟を見たのち、富田氏を説いて百重岩の開さくにとりかかった。なにしろ当時は技術も機械もなかったから、生割木を坑口に積み、油を注いでこれを燃やし、その熱で岩石にひびを入れ、のみで削り取ったりした。工事は一向にはかどらず八年かかってようやく貫通した。そのマブ（隧道）は内のり竪（たて）一尺五寸（四五センチメートル）、横一尺二寸（三六センチメートル）と比較的小さなものであったが、百重の岩山に長さ約五百間（約九〇〇メートル）のマブを貫通した功績はなんといっても大きい。しかしやはり難工事と資金難等で挫折した。

この間、富田氏は私財をなげうって工事を続けようとしたが、家産を蕩尽して果せず、矢野氏は辛労のため斃れた。


第三回は文政十一年（一八二八）から天保六年（一八三五）の八年間である。

西国郡代塩谷大四郎正義は文化十四年（一八一七）代官として幕府領日田に着任。文政四年（一八二一）西国筋郡代に昇進。彼は、宇佐・国東両郡の海岸部で大規模な干拓事業を行い、その用水のため日田の広瀬久兵衛を用い、幕府の援助を受けて文政十一年に広瀬水路の再建に着手した。

新田開発は徳川幕府の享保改革の主要な指針であった。宇佐郡長洲・佐々礼・松崎・蜷木村一帯の海岸干潟新開計画が江戸表からの指示によって計画された。こうした開発が年貢の増収を目的に行われたことはいうまでもない。おもに宇佐・国東両郡の村々は、なかば強制的に開発の請負を命じられた。

宇佐平野の干拓による新田開発は、北部海岸線に沿って、

呉崎新田（文政九年―十二年）
北鶴田新田（文政七年一月―五月）
南鶴田新田（文政十年一月―四月）
久兵衛新田（文政九年）
岩保新田（文政八年―十年）
神子山（みこやま）新田（文政九年―十一年）
郡中新田（文政八年―九年）
順風新田（文政九年―天保三年）
乙女新田（文政九年―十年）
浜高家新田（文政九年―天保三年）
高砂新田（文政八年―十年）

これ等の新田はすべて江戸時代の文政七年（一八二四）以降に造成された。干拓新田のうち平野の小河川による灌漑で満たされている干拓もあるが、駅館川下流の干拓地は水が不足し農作に苦労した。

資料によると、

「天保七年における南鶴田新田等の新田可植耕地は、南鶴田で七三％、北鶴田新田で畑作含めて九三％、久兵衛新田で四二％となるが、実際に収穫があったのは、南鶴田で一四％、北鶴田で二四％であった。このような数字による限り、新田開発特に海岸埋立による新田造成は、塩入地やその他水利面等による様々な条件の下では、埋立即可耕という生産性には少なくとも頭初的には恵まれなかったものと思われる。」

（『宇佐市史　中巻』四〇九頁）

塩谷郡代は工事再開にあたり、前二回の難工事に思いをいたし、並大抵のことでは完遂はおぼつかないと考え、幕府の援助を請うこととした。その結果、勘定奉行が下向して隣藩にも号令し文政十一年（一八二八）に工事は始められた。このとき南一郎平の父宗保はじめ沿線の村吏が多数係役をつとめた。八年をついやし天保六年（一八三五）、水路全部が通じるところまでいったので通水を試みたところ、各所に不具合があり、土質軟弱のため各所が崩壊するありさまで、そのうえ塩谷郡代はすでに交代して江戸へ戻りその地位におらず、地元では持ちこたえ得ず、完成を見ずに終った。

第四回の起業

文久元年（一八六一）、南一郎平二十六歳のとき、金屋村庄屋であった父宗保翁の遺命を達成し、農民の窮状を打開しようと志し、広瀬井路の工事再興をはかる決心をした。まず御幡城之助（おばたじょうのすけ）その他の有志と相談し、村々を説きまわり、水路を検分し、それが難工事であることをあらためて知るとともに、前者の轍を踏むことを恐れて異論は百出し、ついに工事に着手することなく翌年になって一応断念した。

第五回の起業

前回の起業の失敗は、長期工事に必要な資金の目途がつかなかったためであった。南一郎平はその後も資金調達の方法について腐心していたが、思い付いたことは淡窓先生の弟広瀬久兵衛翁のことであった。翁は第三回起業の時みずから携わったばかりでなく、久兵衛新田と岩保新田の所有者である。翁の生家は島原藩の用達で日田八軒衆と呼ばれた掛屋であった。体の弱かった兄淡窓にかわって家業を継いでいた久兵衛は、なお府内藩の元治井手の計画実施を成しとげた経験もある。翁の援助を得たならば広瀬井路の成功は疑いない。この外に途はないとの思いに至った。

一郎平は決心して元治元年（一八六四）八月、單身府内（大分市）へ出掛け、まず親戚矢野家から出て淡窓先生の嗣となり当時府内藩の藩校の督学として招かれていた広瀬青邨(せいそん)

を訪ねた。一郎平は率直に現地の状況を説明し、青郡の賛同を得て、その紹介で久兵衛翁から三千両の資金援助を得ることができた。ところが同志の一部には慎重論が強く、もしもこの工事が不成功に終るならば、広瀬翁の出資を弁償する責任を負うことになるが、着工に先立ち、たとい不成功に終っても返金を要求しないという一礼を受けておかねばならないと難じ、その一礼をもらえないなら井路再興の願書には印をつかないと云う。一郎平も意を決して再び府内を訪れることとなった。

なるほど、当時の農村指導者には、たしかなしっかり者が多かったことが分かって面白い。

当時、一郎平を助けた同志は、島原領内では豊田一郎・蜷木（になぎ）八兵衛・松崎伝兵衛・御幡城之助・都留（つる）田守・都留亀作・南秀蔵・後藤治良蔵や神領南宇佐の蜷川（ながわ）八兵衛、辛島村の辛島（からしま）政右衛門や縁故になる賀来惟熊（かくこれたけ）・南宗周・賀来六太夫、そして広瀬淡窓の養子広瀬青邨（矢野範治）等である。このうち佐田の賀来惟熊は一郎平の義父で、一郎平十六歳の時賀来惟熊の長女志津と結婚。賀来惟熊は有名な幕末の本草学者賀来飛霞（ひか）の従兄弟で、宇佐郡安心院の佐田村で、民間人として日本で初めて幕末に鉄の大砲を鋳造した人である。その大砲は本藩である島原藩の注文に応じたほか、佐伯藩の求めにより二十二門の大砲を鋳造したり、日出藩にも納入したり、鳥取藩にも鋳造技術を伝えたりした。長州藩の下関砲台にも数門設置され、幕末の攘夷で外国船砲撃に使用されたが、イギリス・フランス・アメリカ・オランダの四国連合艦隊により下関で砲撃を受けたとき、安心院の大砲は音だけは馬鹿に大きいが弾は飛ばず、敵艦までとどかずに手前の海に落ち、敵も味方も唖然として戰にならなかった。敵は砲身に螺旋を切った最新鋭のアームストロング砲で撃ち込んできたため、忽ち負け戦になったとひそかに語られていた。

広瀬久兵衛翁は三千両という資金を出しただけでなく、元治井手に従事した測量係の佐藤弥治右衛門をはじめ石工の小川徳兵衛、また呉崎新田開発で知られた児島佐左衛門らの熟練工も紹介してくれた。

一郎平は府内から帰って再び同志をあつめ、広瀬翁の一札を披露し皆の賛同を得た。そこで沿村の有志が連署のうえ、井路再興の願書を島原藩高田役所に差出すこととなった。

藩では文政の起業以来、幕府の台命をもって諸藩に命じて開さくした跡がそのままあるうえ、広瀬翁の加担もあり、慶応元年（一八六五）二月これを許可した。続いて中津藩も宇佐社庁も許可した。時に明治維新の直前で、世情騒然の時代であった。

ところが実際に事業に着手してみると難問続出で、まず地盤は極端に堅い岩場であったり、軟弱な扱いにくい土壌であったりで工事に苦しみ抜いた。又地域との交渉は藩別に分かれており、しばしば難行した。なかでも故障の甚だしかったのは、和尚（かしょう）山の楚、花立池の附近で、この部分の開さくについては工事開始と同時に交渉を始めたが、一年経っても治まらぬ状態で、上拝田（かみはいた）の庄屋安倍本平・下拝田の庄屋生山（いくやま）慎藏がその任にあたり、更に大庄屋拝田実右衛門も加わって何回となく談判が続けられた。結局、金を以て訳を立て、花立池の下にトンネルを掘ることに決まった。しかし今度はその請負について地元拝田にさせてほしいという希望が強く、その他の工事の請負についてもいざこざがあり、このように島原領からの中津領や天領に対する交渉はすこぶる難事であった。

さて工事を進めてみると、全水路を通じ掘割溝はきわめて少なく大部分はトンネルである。そのうち難関とされた堅岩百重のトンネルを幅三尺五寸・高さ四尺に改修することにした。又、沖地内から地獄谷にいたる間は、雨の降ったあとなどトンネルの崩落がひどく、まず水をふくんだ泥土を取り出したあと松材で補強したり箱樋を掘り込むなど、その出費は始めの予算をはるかに超えた。そのうち味噌路木(みそろぎ)から下って蛭子(えびす)ヶ原、小畑(おばた)地内の工事を進めるにつれて補強工事は頻繁となり、宇佐村助藤平御林の松木三千三百二十五本の取下方を出願するやら、その外多くの松板を買い入れてトンネル内の修復に使った。

こうした苦難を経ながら、いよいよ慶応二年(一八六六)八月一日地獄谷までの通水を行ったところ、たまたまその日は大雨で、たちまち随所に山崩れが生じ、トンネル内の天井も落ちるなど大きな被害を受けた。復旧工事が必要になった点では、第一回から第三回にいたる工事とまったく同様であった。トンネルの土砂墜落の取出しは難渋をきわめ、水を汲みだし泥土を運び出し、補強工事を行うことで経費ははるかに予算額を突破した。

一郎平は難工事を見越して、広瀬翁からあらかじめ二千両借入れていたらしいが、とても資金が及ばず、井手切手を発行して金融措置をした。しかしついにその両替が困難となり、止むなく日田代官所高田役所の公金を一時借用し急場をつないだが、期限がきても返済ができず、一郎平は四日市に入牢させられた。

ここで御許山騒動が起り、四日市陣屋が焼かれたため、牢が焼失し一郎平は助かった。


慶応二年八月一日に地獄谷までの試験通水が終ったあと、水路全線の復旧工事や宇佐・高森・金屋・長洲岩保新田までの水路工事に着手したが、資金の窮迫はひどく、工事の続行は万策つきおぼつかない状態であった。

そこに維新の大変動があり、一つの大きな機会が生まれた。明治元年（一八六八）明治新政権が成ると、沢宣嘉総督が長崎府に赴任。一郎平たちは新たに勇気を得て明治元年十二月、総督府に請願を行なった。

広瀬井手起業第一回宝暦年間の麻生善右衛門から説きおこし、第二回、第三回塩谷郡代にいたるまでの苦心を述べ、今や難工事も九分どうり終り完成に近づいていることを述べ、総工費の支弁や残工事の措置について格別の配慮をお願いしたいと請願書にしたため、南一郎平をはじめ広瀬青邨・御幡城之助・豊田一郎・渡辺平九郎等数名は、最後の望みを託して沢総督に請願した。

心を動かされた沢総督は、直ちに巡察使古賀一平と長岡新二郎を派遣し、水路の検閲をさせるとともに、翌明治二年（一八六九）二月には松方正義日田県知事に水路全線の検分を行わせた。松方知事は現地を検分し親しく事情を聴取して、通水路が三領にまたがっていて調整が困難であったこと、水路はトンネルが多くしかも一部は土質軟弱、他の部分は堅すぎて工事が容易でないこと、そのため経費がかさみ未だ完成にいたっていないこと、資金の窮乏につれて同志の離反傾向があること等を知り、できるだけの援助をすると約して帰った。この結果、明治政府の援助を受けることが可能となり、天朝御普請所の大命があり、広瀬井堰口・宇佐地獄谷・高森井堰口の三ヶ所に「天朝御普請所」と大書した木標を建て、工事は急速にはかどった。

まず水路一般の事務は一括して日田県の管轄下に置き、各係の総括を南一郎平に命じて工事の体制をととのえた。

計画では広瀬井手の水量で岩保新田や久兵衛新田まで通す計画であったが、その目的が達せそうもなかったから、新たに駅館川の下流域の高森からトンネルを掘り、大堀の白水池まで水を引き、そこから下流の新田に灌漑することとして、新たに高森井手を作ることとなった。

日田県は両井手を管轄するため、明治三年（一八七〇）春全権を帯びた役人を四日市支所に在勤させたが、この役人は民間工事に公金を支出することを問題視し、会計締切の五月をもって支出を打切ると云ってきた。これを聞いた関係者一同は、なんとか継続方を嘆願したが容れられず、結局会計締切後は、あらゆる仕事が一郎平の單独事業の形になった。そのため再び資金が急を告げ一郎平の苦難が深まっていった。

会計締切りの直後、すなはち明治三年六月、白浜日田県大参事が特に水路検分の目的で出張してきた。一郎平に対し、帰ったら実情を報告して速やかに適当な処置をとろうと語ったと伝えられている。続いて同年八月には、松方知事も宇佐から高森井手へかけて検分を行なったが、まもなく松方知事は民部省に転任してしまった。

では新政府はどう動いたかと見ると、同年十二月に民部省から小川権少祐と三浦小令使の両使が来着し、藩県吏を集めて会合を開いた。議論の末、この時の取極は一応水路工費を各藩県反別に割当てて出金させることとし、金主に対しては政府が五ヶ年賦課公債証書を与え、受益農民からは政府に対し、毎年古田一反より米一斗、新田一反より米一斗五升を収納皆済させると云うことであった。ところが明治四年には廃藩置県が行なわれたり、明治六年には地租改正条例が公布されるなど、矢つぎ早に制度が変るので、反米は一年間納めただけで、あとは混雑にまぎれてそのままとなってしまった。

会計締切後の状況

駅館川の水がはじめて地獄谷を通ったということは、それを待ち望んでいた台地の農民にとって大変な喜びであった。そうであるだけに水が来さえすればよいという気持ちが強く、それまでの復旧工事や残工事が随所に必要とされたのだが、会計締切後の支出一切は一郎平の責任となってしまった。一郎平としては責任上事業を仕上げねばならない。そのために島原藩から一郎平に贈られた賞金壱千両もまたたくまに使いはたし、家屋敷から妻志津の衣類・家財道具に至るまで全財産をなげうってこれに当てた。明治三年十二月、井手切手は不信用により資金調達困難となり、一郎平は二度目の入牢となる。当然井手切手の信用は地に落ちてしまい、高率の利息をつけて引換えねばならなくなった。居宅を売却した一郎平は高森井手口に小屋を建て、明治四年一家をつれて移り住んだ。

これを見かねた同志たちは忍びず、蜷木八兵衛・豊田一郎・樋田魯一・南秀蔵・都留亀作等が相はかって両替の援助にのりだすと同時に、親戚知己を糾合して一郎平のために頼母子講を創設し、この資金で高森井手口に水車小屋を作り、一家の生計を支えさせた。

明治六年頃には水量も追々増加したが、そうなると今度は田への配水の争いがひどくなり、時間割を定めるなど色々と対策をたてたが、明治六年一郎平は感ずるところあって、広瀬井手惣轄の仕事を樋田魯一にゆだねた。それ以来広瀬井手は樋田魯一惣轄の下で、南忠平・都留音平が常設委員となり、上流は高窪又兵衛が監督にあたり、一同が一致協力して年中詰めきりで改修工事にあたるなど、事業の安定を得るようになった。

最後に混乱した農民の水争いや、分担金の問題を樋田魯一はどのように静めたのか、当時の記録がないのでまったく分らないが、この難問題を短時間で治めた樋田魯一の手腕に、ただただ敬服する。

樋田魯一は『農業振興策』の中で、

「古來我國水田の灌漑には力を極めて土工を興し拮据（ほねおりてこしらへ）經營其觀るべきもの甚だ多しと雖も要之に井堰溜池及其本溝又は支溝迄の經營に止まりて未だ一地一田の灌漑法に便宜の設けあらざるが如し況や本溝支溝と雖も水門開閉の箇所に至っては最も不究理にして往々配水分水の宜しきを得ざるが爲めに人夫を徒費する事多くして且適當の配水を得ざるものゝ如し天水耕作の便否は灌漑にあり灌漑の便否は國の經濟に大關係あり……」

（『農業振興策』一九四頁）

要するに水田の灌漑は、田に水を張るまでの作業である、と昔の経験を書いたと思われるが、ちらっとその面影が見えるだけで語らず、当時の詳細は不明である。

後年、一郎平は『花卉と水利』で水路ができて生活が豊かになり、衣食足り礼節を知るようになっているだろうと書いて期待していたが、それは見かけだけで、水は自然に溢れてくるものと思い、豊かになると怠けるようにさえなったと語って、一向に変らぬ農民魂にあらためて驚嘆している。

退職後、一郎平はキリスト教に帰依した。花と農民を愛しながら、敬虔なクリスチャンとして余生を過ごした。財を天に積み業を地に遺すことが彼の一生であった。事業を理解せず攻撃さえしてきた人々に対しても、「神よゆるしたまえ。彼らは知らざるなり。」と変らぬ愛情を注いだ。

南一郎平は明治八年（一八七五）八月、松方正義（内務省勧農局長）の招きにより單身上京。妻子貧困。

同年九月十日、東京芝井二九番地の植木屋伊八方に寄留。松方の斡旋により内務省農務課臨時雇となる。

明治九年（一八七六）十月十六日、内務省農務課勧業寮十一等出仕。

明治十年（一八七七）四月二日、西郷隆盛による西南の役で、中津隊に呼応した農民の暴動により、高森井手口に作った住まいの小屋が焼かれ、妻子は水車小屋で一時生活、後広瀬井手配水会所に転居する。

同年八月、妻子上京するも、家族三ヶ所に分かれての生活となる。

明治十一年（一八七八）三月、安積(あさか)疏水工事着工準備を担当し、以降疏水完成まで政府駐在の技術専門官として、現地で指揮を執った。

明治十四年（一八八一）四月十三日、農商務二等属。

その後、琵琶湖疎水工事、那須疎水工事に関与。その他地方の多くの疎水・隧道・築堤工事の調査設計に従事した。

明治十八年（一八八五）六月二十五日、内務省土本局第一部長。

明治十九年退官。現業社を創設し、鉄道工事に従事。

明治二十三年（一八九〇）六月十五日、東京本郷の教会において洗礼を受け、キリスト教徒となる。

明治四十一年（一九〇八）九月八日、妻志津七十三歳で死亡。

大正二年（一九一三）五月、『花卉と水利』を著す。

大正八年（一九一九）五月十五日、北多摩郡武蔵村堺五一三番地で死亡。八十三歳。


広瀬井手については、その後昭和三年（一九二八）、当時の広瀬井堰管理者（宇佐町長）眞上眞一から、大分県への再三の陳情により、昭和八年から同十年四月まで県営改修工事が行なわれた。さらに昭和三十九年から同五十五年三月まで、国営事業による大規模な改修が行なわれた。

一郎平は土木、水利、開拓の事業ではすぐれた手腕を持っていたが、無慾淡白な性格で、自己の理財については実に無頓着であった。

妻志津は故郷宇佐では西南戰争で百姓の暴動が起り、住まいを焼かれ怖い思いをしたが、上京後は福島県掛田町で養蚕を学び、境に桑園をいとなみ、養蚕にはげんで家計を助け子供の学資とした。さすがにたくましい優れた女性であった。

この時代のバックグラウンドは、嘉永六年（一八五三）六月三日に、アメリカの提督ペリーが四隻の黒船で浦賀沖にやって来たことに始まる。

泰平の眠りを覚ます上喜撰、たった四杯で夜も眠れず、の世相であった。

広瀬井路第一回の工事は宝暦元年（一七五一）であったから、ペリーの黒船より百年以上前に着工したことになる。そして一郎平が着工した五回目の工事は慶応元年（一八六五）であるから、ペリー来航から十二年後で、なお蛤御門の変の一年あと、明治維新直前の世情騒然の時代であった。

この時代、長州藩においては尊王攘夷派と、幕府の開国策を支持する公武合体派とのせめぎ合いが激しく、藩論が不安定であった。

文久三年（一八六三）五月十日
長州藩は攘夷を決行して、下関海峡でアメリカの商船を砲撃した。

文久三年（一八六三）八月十八日
政変により、公武合体派の会津藩と薩摩藩は朝廷内の尊王攘夷派の公卿を追放し、長州藩の京都における政治勢力を奪った。三条実美以下七卿は都落ちして長州藩に亡命した。

元治元年（一八六四）六月五日
京都の池田屋の変で尊王攘夷派の志士が多数おそわれると、長州藩は京都へ軍隊を進発させた。長州軍は伏見街道と蛤御門と堺町門で戦ったが、公武合体派の会津藩・薩摩藩に破れ総退陣した。

元治元年（一八六四）七月二十一日

この戰闘で長州軍は御所へむかって発砲する形となり、長州藩追討の勅命がだされた。幕府は長州征伐を諸藩に命じた。

元治元年（一八六四）八月五日から

国元においては、イギリス・フランス・アメリカ・オランダの四国の軍艦による下関砲撃があり、長州藩は完敗した。

元治二年（一八六五）一月

長州藩追討のいくさでは、長州軍が降伏したため元治元年十二月二十七日撤兵令を発し、翌元治二年一月撤兵した。敗戰後、高杉晋作は萩の保守派を追放し藩権力を奪取し、武備恭順の藩是を明らかに示し、恭順な姿勢ではあるが攻撃を受けたときは武力で戦う姿勢を打ちだした。

慶応元年（一八六五）四月十二日

幕府は長州藩が武備恭順の藩論に転換したことを知り、征長再令を発し、五月には将軍家茂が江戸城を発し大坂城にはいった。

慶応二年（一八六六）一月二十一日

長州藩と薩摩藩との間に薩長盟約（秘密同盟）ができて、長州藩は政治的孤立から脱することができた。

慶応二年（一八六六）六月七日

征長軍は周防大島を攻撃し幕長戦争が開戦した。しかし幕府軍は各方面において惨敗する。

先の薩長盟約により薩摩藩が出兵を拒否したことも大きな理由といえる。

九州においては、小倉口で六月十七日高杉晋作・山縣有朋らの率いる奇兵隊が中心となり、下関海峡を渡って小倉藩を攻撃した。七月三十日幕府軍の小倉口総大将である小笠原壱岐守は本営を脱出し、長崎に向けて逃げ、戦の勝敗はここに決した。翌八月一日は小倉城は自らの火によって炎上し、藩兵は香春(かわら)方面へ撤退した。長州藩は企救(きく)郡一帯を占領し民政を展開した。

慶応二年(一八六六)七月二十日
将軍徳川家茂が大坂城で病死した。

慶応二年(一八六六)九月二日
家茂のあとをついだ慶喜(よしのぶ)は、休戦を求め長州藩と休戦協約を結ぶ。

慶応二年(一八六六)十二月二十五日
孝明天皇崩御。翌年一月幕長戦争は完全に終結した。

事件を並べてみると、お互いのすさまじい策謀が見えてくる気がする。世情も民衆は騒然としており、幕府の権威も落ち、朝廷の力もまだ弱く、藩政の圧力も弱まっており、長州藩が新たに購入したミニエル銃の威力は強く、武士達は生命あっての物種と戦う意欲が薄れ、維新改革の下地はすでに出来ていたと云うべきであらう。

慶応三年（一八六七）十月十四日
十五代将軍徳川慶喜が大政奉還する。
長州藩と薩摩藩は、この間も討幕運動を進める。

慶応三年（一八六七）十二月九日
王政復古の大号令が発せられる。
京都守護の会津・桑名両藩が、任務を解かれ帰郷を命ぜられた。

慶応四年（一八六八）一月三日

大坂城に居た幕軍が江戸における薩摩の行動に反発し京都へはいろうとしたため、薩摩と土佐は鳥羽・伏見においてこれを追撃した。戦闘は鳥羽伏見街道を中心に展開した。鳥羽伏見の戰である。

一月三日、倒幕派と幕府側との戊辰戦争が始まる。戊辰戦争で長州軍が軍歌を歌って行進したことは想像がつくが、笛と小太鼓の鼓笛隊がついていたかどうかは知らない。

宮さん宮さん　お馬の前で
ひらひらするのは　何じゃいな
とことんやれ　とんやれな
あれは朝敵　征伐せよとの
錦の御旗じゃ　知らないか

　とことんやれ　とんやれな

　軍歌第一号ということで、作詞品川弥二郎、作曲大村益次郎と、なかなかやるなあと思っていたが、作曲は実は品川弥二郎のなじみの祇園の芸者が曲をつけたそうで、なる程と納得した。維新を支えた女達のいきざまが面白い。

　そして地方ではどうであったか。

　慶応元年（一八六五）、西国郡代が管内に農兵を募った。宇佐地方では四日市役所（四日市陣屋）で二百余名の応募があった。農兵に武と文を学ばせるため教英館が作られた。樋田魯一もこれに応募した。農兵は教英館を詰所として軍事訓練を受けた。当事、天領四日市陣屋の警備は外様の久留米藩に委託されていた。

　慶応二年（一八六六）、幕府が長州征伐を再開したときは、四日市農兵は官軍の輜重隊として従軍した。

慶応四年（一八六八）一月十五日

御許山騒動が起る。

宇佐郡安心院の内川野の庄屋の出、佐田内記兵衛秀は討幕運動家で、慶応二年十一月下毛郡木ノ子岳の蜂起に失敗した後、追われて同志の青木武彦・下村次郎太・矢内宏らと呉崎から船で長州藩に逃れ、報国隊に入った。

庄屋の中には、前の戦国時代に野に下った武將の家系もあり、時代の風を受けて血が騒ぐこともあったと思える。

慶応四年正月十五日、佐田内記兵衛秀は長州藩の脱藩兵十八人を含む同志六十名程と宇佐郡長洲港に上陸し、その足で四日市陣屋を襲撃し、武器を奪って放火した。さらに久留米藩士が集結していた東本願寺四日市別院を焼払った後、四日市東の庄屋渡辺市郎左衛門宅を焼いた。なお附近の農家九軒を類焼させた。佐田らは四日市陣屋・東本願寺別院・庄屋を焼払って御許山へ引揚げた。

翌十六日、中須賀蔵から米千石程を盗み取り、この内一部は四日市で類焼した農家へ贈り、あとは上・下乙女村から馬二十疋を徴発して山上に運んだ。又、中須賀弦屋七左衛門方から金子千両を押し借りした。こうして準備をととのえて、佐田らは御許山に馬城峯(まきのみね)本営を設けた。

広瀬井手関係で支払ができず入牢していた南一郎平は、四日市陣屋が攻撃されて焼けたため入牢できなくなり、牢屋入りをまぬがれた。

当時、四日市年番所詰の農兵で教英館の総代であった樋田魯一は、年頭賀礼のため久留米藩に出頭していたが、四日市が襲われたとの報を知り直ちに帰郷した。その記録によると、

慶応四戊辰年正月の年頭賀礼のために、郡中総代及教英館総代として、麻生資三郎と共に久留米藩に出頭していた。藩は歓待して客館で餐応したが、酒を強いられて酩酊し宿に帰ってから臥していたが、その苦悶中に四日市陣屋から大変報がとどいた。乙女村の人在前大和伊兵衛という人が来藩して、正月十五日に賊兵が四日市陣屋を襲

い、町を焼き、馬城峯に陣取っているという報告であった。
藩は在前の言が聞取りにくい（多分、宇佐方言でまくし立てたのであらうか）と云うことで、魯一に在前の云うところを筆記して出せと云う。魯一はあまり酒は飲める方ではなかったから、二日酔で苦悶中で、床に伏しており体を動かせば嘔気がたちまち至るところを、急な場合であるので床に伏したまゝ、漸く云うところを筆記して藩庁に提出した。

暫時にして城中の非常鐘が乱打され、たちまち藩士が四方より登城した。人馬の物音すこぶる高い。実に夜初更より五更までのことであった。

久留米藩は家老職有馬藏人が直ちに兵を率いて宇佐郡に向った。

魯一も即時帰途につく。途上豊後日田では日田陣屋は已に開放して、郡代窪田治郎右衛門は往く所わからず、市中の者は荷物を持運んで混雑しておる。石井坂の下を一人の騎馬が来るのを見たら制勝組頭取中村平太夫である。守実（もりざね）（耶馬渓守実）の固めを解き帰るところであるという。

下毛郡口ノ林村から早追かごに乗ったが、山坂奇飛の動揺にたえず、かごを返して又徒歩で急ぎ帰った。

余は先に立って四日市に帰って焼跡を見るに、一人の影も見えぬ。教英館に行く、亦一人もいない。そこで檄文を作って召集の手筈をした。……教英館に引返すと、東欽十郎外十七名が来会していた。直ちに山口村に向って出発した。途上加藤清直氏が、二十余人を引率して来るのに出会した。共に木の内に宿陣して軍議を始めた。然し衆説紛々で決まらぬ……余は命をうけ、散兵陣を布いて賊を待ったが、一向に襲来の様子はない。それから使を馳て敵情を探らした。使者が帰っての報告に賊はもう宇佐に引揚げたが、今夜、夜に乗じて攻めて来るだろうと、そこで配兵を纏めて再び軍議となったが、又しても中々決せぬ。……

(孫樋田豐太郎がまとめた魯一の手記と『宇佐市史　中巻』掲載文の抄録)

樋田魯一はこの二年前の国東郡の百姓一揆で、農兵を率いて鎮圧した功績があり、一代苗字帯刀を許されていたから、庄屋職であったが大小二刀を差していたと思われる。
四日市の農兵は、恐れおののいて各所に潜伏し、二人三人と他人（ひと）の納屋の天井に潜ったりして、あちこち逃げまわっていた。農兵の隊長格で年番役でもあった辛島祥平は、この農兵の安全を御許（おもと）勢と交渉して確保する。かくれていた農兵共は、あゝおじかった（あゝ恐ろしかった）と出てきた。これが明治十年の西南戦争では熊本鎮台を守った鎮台兵に育っていくのである。

ところで長州藩では、佐田等の蜂起を、たとい正義にもえる志士の行動であっても、長州藩士を脱藩させて蜂起するのは許せないという理由から、同年正月二十日、山口格之助ら藩兵一二〇人を宇の島に上陸させ追撃させた。宇の島に上陸した長州藩兵は、途中中津奥平藩に大砲の借用を願い出た。申し出を受けた中津藩は、敵か味方か判断がつかず、かなりなやんだ末に結局大砲二門と砲手十二人を出した。追撃の長州隊は、ごろごろと大砲二門を引いて、四日市に入り本願寺西別院を本陣とした。今度は何も知らない四日市の農兵共は、西別院に本陣をかまえた長州軍を、敵か味方かさっぱり判断ができず、対応にまよいに迷った。

追撃の長州藩と佐田秀は一月二十三日、宇佐神宮会所で会った。佐田らは長州藩兵を援軍到来と信じていたが、長州藩兵福原幾弥は佐田に対して、すでに維新の大詔は渙発されておる、役所や寺を焼き人民を困らせ、長州の名をかりて暴挙するとは何ごとかと詰問し、三条公を利用したことをとがめた。佐田らは花山院家理卿を総裁に推していたが、家理卿は山口室積港で長州藩に抑留された。佐田らは挙兵は義挙であると力説し、とくに平野四郎は、脱兵脱兵と云うが元々毛利の世臣ではない、天下の志士である、報告隊に入ったのは貴藩につくすためではない、国事につくすためである、しかし国士として遇しないから、今多年の志を遂げようとするのであると、かなり時間をかけて押問答となった。平野四郎は福原の言にたまりかねて、君のように云うのなら十八人に代って屠腹するから、首級を持帰って藩公に捧げよ、他の志士は許せと云って切腹自尽した。この時佐田秀は不意討ちにあって殺された。

御許山蜂起は広範囲に影響が及び、天草においては志士が代官を襲撃する事件を誘発するなどあったらしい。

長州藩兵はさらに御許山の本営を攻撃し、二十三日に陥落した。本営にはどこで手に入れたか古めいた錦の旗がひとすじ掛かっていたと云う。今でも山上では当時の焼けた米が拾える。

二十四日、佐田内記兵衛秀、平野四郎、柴田真次郎の首級が四日市高札場に梟された。王政復古の知らせは、三ヶ月遅れて慶応四年（一八六八）二月、御許山騒動の直後宇佐に達した。幕末哀史といえる。


真偽の程はわからないが、公武合体を望んでいた孝明天皇の御逝去は、そのタイミングの良さに暗殺説があったり。

錦の御旗は、大久保利通の愛妾おゆうさんが祇園で買ってきたニセ物説があったり。

追討は時期尚早と見る長州を、西郷隆盛が倒幕の戦争に引入れたりで、長州は大村益次郎の主導するフランス調の兵隊が、錦の御旗をかかげて軍歌をトコトンヤレナと歌いながら戊辰戰争に加わったり。

さらに、維新の前年に起ったええじゃないか一揆は、策謀した誰かが居るんじゃないかなど色々あるが。

十四歳で天皇になった明治大帝は、大変な役まわりであったと御同情申し上げる。

そして当然ながら、新しい政府では今まで冷飯組であった薩長土肥が占めることとなる。

慶応四年（一八六八）は九月七日までで、九月八日から明治元年となる。

御許山騒動の後の時期に教英館は解散となったが、この農兵たちは朝廷のために四日市方面の土地を警備することになり、久留米の許可を得て赤心隊を組織し、フランス式の訓練を受けた。同年四日市方面は日田県に所属したが、赤心隊はそのままこの土地の警備にあてられることとなった。赤心隊は明治三年（一八七〇）朝旨により解散するまで続いた。

樋田魯一はここで初めてフランス語に接したのではなかろうか。

このような騒然としたなかで広瀬井手の補修は進められていったが、一郎平はいよいよ金づまりとなり、完成は目の前に見えているのに資金はどうにもならない。どうしたらよいのか、考えに考えるが答が出ない。万策つきて同志ともども天を仰いで神へ祈るのみであった。南無八幡。

明治維新である。藩制は一度に変更されたのではない。最終的には明治四年（一八七一）の廃藩置県によって完成するが、宇佐地方の多くは天領であったため、王地として直轄支配されていたので、慶応四年（一八六八）四月二十三日、明治になる前にいち早く日田県が設置され旧体制を脱した。

中央では太政官制が確立し、郷土宇佐では同年四月二十五日、日田県の県治が始まった。

定

一、人たるもの五倫の道を正しくすべき事。

一、鰥寡孤独廃疾のものを憫むべき事。
一、人を殺し家を焼き財を盗む等の悪業あるまじき事。
慶応四年三月　　大政官

松方助右衛門正義が日田県知事に任命され着任した。

松方知事は地方行政の確立に関心を示している。明治二年（一八六九）五月地方示談役を設置した。最初の示談役は、四日市役所では城村庄屋城太郎左衛門、上乙女村庄屋城逸作、法鏡寺庄屋北勘十郎、辛島庄屋辛島祥平の四名であった。そして松方知事が公布した「村庄屋可心条々」の公文書で日田県治施政の方針を述べているが、農業については、

一、田畠不荒様堤防渫川道橋等修補に怠るべからず、自然水損等にて及大破、普請調程の事は速に可申出、荒場起し返しの儀も、村中申合精々可心遣、百姓の力に不及事は是亦速に可申出事。（第五条）

一、水利を起し、土地を開き、良木を植付、物産を盛にし、永世村里の栄を計るべき事。（第十一条）

とあり、水利事業をおこして農業の発展を計ることは、宇佐農業にとって不可欠のことであった。

井手の水を地獄谷まで持って来た一郎平は、その先の一枚一枚の田への分水について、百姓達の我が田へ水を引く我欲の強さに圧倒されて治めきれず、配水の仕事は進まなくなってしまった。百姓の水に対する意識は強い。俺の田俺の田と云うことで、数十軒いや何百軒かの百姓の声が水の流れを止めてしまったのである。一郎平はこの解決に苦しんだようだが、疲れはて思いあまって井手の仕事から手を引いてしまった。あとは今までの同志が協議して樋田魯一に広瀬井手の総括を一任した。この難問を樋田魯一は解決したのである。

樋田魯一のこと

樋田魯一は天保十年（一八三九）四月、樋田村庄屋浅左衛門の長男として、宇佐郡樋田村福寿庵＝現大字樋田九八番地に生まれる。

父老齢のため、わずか十二歳で庄屋職を継ぐ。村役人はその家の世襲であった。幼名を六之助、十五歳で良三郎、三十歳で魯一。

七歳より習字と四書の素読を、隣村法鏡寺村の若山宗仙に。十二歳より十六歳まで習字ほか五経と歴史を、中須賀村に開塾の有馬左門に。十七歳から十八歳の時は住江村の高橋春城に算術を学んだ。加減乗除は十二歳までに父に学び運用自在であった。もっとも庄屋職は、加減乗除に練達していなければその役が務まらない。

二十歳の時、中須賀蔵所に出役す。

慶応元年（一八六五）、西国郡代が管内に農兵を募ったとき、これに応募した。農兵を訓練する教英館で武術と経書（白石照山）を学ぶ。

慶応二年（一八六六）、国東郡の百姓一揆の鎮圧に農兵を率いて功績があり、一代苗字帯力を許される。

慶応四年（一八六八）正月十五日、御許山騒動が起る。当時魯一は郡中総代及び教英館総代であった。

教英館閉鎖後は久留米藩の許可を得て赤心隊を組織し、フランス式の訓練を受けた。赤心隊は朝旨により明治三年解散する。

明治四年、廃藩置県。

明治五年二月、第九十二区（上矢部、下矢部、上拝田、下拝田、中原、別府、樋田各村より成る）の副戸長。壬申戸籍の調査を担当する。正戸長は全管一般に置かなかった。

この年四月に庄屋の制度は廃止された。魯一が十二歳から二十三年間務めた庄屋役は解散となった。

そして、第九十一区（小向野、南宇佐、北宇佐、日足、和気、橋津の六か村より成る）の区長。

翌六年、宇佐郡を二大区に分かち、おおむね駅館川をはさんで以西を第八区、以東を第九区とし、第九区長に任ぜられる。

同年、地租改正条例公布。征韓論に敗れた西郷隆盛が下野。明治政府のあわたゞしい新政策が見えてくる。

同年、行きづまった南一郎平は、広瀬井手総轄を樋田魯一に委託した。

日田県辞令
宇佐郡樋田村　庄屋魯一
広瀬井手掛申付間万端公平を旨とし配水等無甲乙行届候様可致勉励事。
但上拝田村庄屋忠蔵高森村名主亀作江も同様申付候条諸事可申合事。
庚午六月

明治八年、この年の一月大阪会議が開かれ、四月には漸次立憲政体を始めるという詔書が発せられた。六月に第一回の地方官会議が開かれ、各府県より二名あて傍聴者を上京させた。魯一は小倉県より推挙されて傍聴者として上京。

会議終了後、内務省より採用の達しがあり、明治八年七月十五日、内務省十三等出仕兼地租改正事務局十三等出仕に補せらる。魯一は初めて新政府の役人として歩み始めた。

同年七月十八日、事務引継のため、小倉県へ出張申付けらる。

同年十一月五日、地租改正御用にて愛知県へ出張申付けらる。

明治九年三月九日、兼任愛知県権中属。愛知県では地租改正の仕事をしている。

明治十一年二月三日、秋田県四等属。

同年三月七日、同県第二課長。

同年九月三十日、宮城県採用、十月十一日宮城県三等属。

同年十一月一日、宮城県土木課長心得。勧業課長。

同年十二月二十一日、同県土木課長。水利発興、道路大修理、新道開鑿、水害対策等の仕事をする。

明治十三年三月七日、内務省へ。三月十日内務省三等属、勧農局事務取扱。

明治十四年、農商務省に転じ、一月十二日安積疏水兼務。

南一郎平と同じ水路の仕事を担当しているが、お互い多忙であったのか、宇佐の広瀬井路以後に二人の親しい交友が見えないのは不思議である。

同年四月十二日、農商務二等属。

前掲の南一郎平の履歴を見ていただくとわかるが、たまたま一郎平の経歴と同位である。

明治十六年五月十九日、農商務省庶務課長。

同年六月十一日、疏水掛兼務。

同年八月二十二日、大分熊本福岡三県下巡回。

『農業振興策』に

二月一日我家を出發し大坂に出で瀛船に乗込豐後府内へ上陸同所にて小野惟一郎と云

う人を訪ふたり氏は大分縣下蠶糸の業に熱心にして有功の聞えあればなり豊後各郡殊に直入（なおいり）郡の煙草（たばこ）速見國東（くにさき）兩郡等の琉球藺（しっとうい）は此地著大の物產なれば其景况を一覽して豊前宇佐郡に出て前年金屋村南一郎平西大堀村豊田一郎蜷木村蜷木八衛其他諸氏の盡力せる廣瀨井手用水の事業は公益尠からずと聞き實地を巡覽し且同郡養蠶の景况をも見聞の後下毛郡中津に出て三ノ丁なる末廣會社の製糸所に臨みたり

（樋田魯一『農業振興策』明治二十一年九月八日　増補訂正出版　一五六―一五七頁）

となつかしく広瀬井手を見ている。

明治十七年七月十四日、任農商務権少書記官、庶務局事務取扱。

同年八月三十日、敍正七位。

明治十八年一月三十一日、第二課勤務。

同年四月十八日、第四課前田大書記官出張不在中代理仰付。

そのあと東海農区中山梨、三重を巡回。
明治十九年二月十九日、農商務大臣谷干城欧洲へ派遣につき随行。
同年三月六日、農商務書記官。
同年九月二日、奏仕官四等、農商務参事官。
明治二十年六月二十三日、欧米巡回より帰朝。
明治二十一年二月二十日、欧米巡回取調書上梓。
同年七月、『農業振興策』上梓。
明治二十二年一月二十六日、非職を命ぜらる。六月二十五日復職。
明治二十三年二月十五日、奏任官三等。
同年六月二十一日、非職を命ぜらる。
その後、主に農業団体の事業に尽力。
明治三十三年、日本農民会参議会議長。

『原敬日記』によれば

「井上伯、職を辞して以来、省中の形勢一変し、一種の党派を生じ、（中略）次官前田正名を推して党頭とし、宮島信吉、杉山栄蔵等の老人何事か頻りに企図せり。（中略）余の如き秘書官は事務に干渉せざるを可とするなどと云ふ口実の下に全く閑地に置かれ、些少の俗務の外用事なく、出省して終日各新聞を閲読し、小説、三面記事まで精読するのみ、不平もあれど拠なし。余と同一の境遇にあるもの省中に多く、彼党派以外の殆んど半数は全く用事なし。」

当時の農商務大臣は陸奥宗光で、その秘書官が原敬であった。藩閥の中をくぐり抜けてゆく若い原敬の陰湿な目があった。前田正名も樋田魯一もその後非職を申し渡される。

僅僅次の資料がある。

樋田魯一

第九十一区申付候事

壬申五月廿日　　小倉県

第九十一区は日足村、橋津村、和気村、南宇佐村、北宇佐村、小向野村を以て成れり、此際庄屋名主を廃せられ区長・戸長を置かる故に樋田村及宇佐村の庄屋役解職となる。余十二歳より三十四歳に至る、実に二十三年間庄屋役に在勤せり。

此年広瀬高森両井手総括を命ぜられてより、従来南市郎平担当中水路開削費相嵩みて負債となり、支消の出来ざるもの金額殆んど三万円其中に就き最も困難なるは井手切手なる紙幣発行しありて其引換を為すこと是なり、該切手は世間一般当時切手の信授地に墜ち正金との差七割以上に及べり。此消却を促すもの四方より蝟集し其困難日々逼り加ふるに大雨洪水の爲め高森井手隧道大敗塞継て広瀬井手も水路数ヶ所崩壊工事修理の急は用水の期節に差逼り経費の支出には方途なく困難一事に輻輳せり此困難を共にせしは南市郎平及豊田一郎の両氏なり。明治七年に至り粗負消却の局を結び得たり其間日田県庁の特別保護及高田庁の助成並に井手掛村々の反米徴収各金主の貸金勘弁同志者の義捐金者の一人に加はれり。

明治六年十二月、小倉県より左の辞令あり。

樋田魯一

第九大区区長申付候事

明治六年十二月十二日　小倉県

宇佐郡を二大区に分ち概ね駅館川以西を第八大区とし四日市に会所を置き同川以東を第九大区として宇佐に会所を置かれ余は自宅より宇佐なる会所へ通勤せり。

明治七年宇佐神宮境内能舞台を根拠として中学校を起す下村御鍬南市郎平相継て校長たり該経費は第九大区貢米を引請け代金納となし其間際金を以て創立費及維持金に

充てたり。

明治八年小倉県より左の辞令あり

第九大区々長　樋田魯一

一金三拾円也

右の金額第九大区内爲学資寄附致候奇特之次第及上申候処其賞木盃一個下賜候条此旨相達候事

明治八年五月　小倉県

第九大区区長　樋田魯一

今般当県地租改正伺之趣御聞届ニ相成昨七年ヨリ旧税法相廃申立之租額ヲ以テ規則之通収税可取計旨御指令相成管内積年偏軽偏重之税額自今公平至当ニ相成人民永久之幸福ハ無申迄県治進歩之端緒モ相開候条必竟最初ヨリ役務繁忙之内人民ヲ誘導適実至

当之調爲及候故今日之許可ヲ得候儀其勤労不尠依之重ク誉置候事

明治八年七月五日

小倉県権令　小畑高政

小倉県参事　堀尾重興

今年始めて地方官会議仰出され就て一府県二名宛の傍聴者を出京せしむ小倉県より上条亨及余の両人推挙せらる即ち上京会議了り将に帰県せんとする際内務省より余を採用するの達しあり拝命の上第九大区事務引継の儀小倉県より伺出あり依て左の辞令ありたり。

内務省十三等出仕　樋田魯一

小倉県伺之趣有之ニ付残務引継トシテ同県へ出張申付候事

明治八年七月十八日　地租改正事務局

而して帰県の上第九大区事務諸会計とも滞りなく引継の上職務に就けり。

以上は魯一の十三回忌にあたり、郷土史家小野龍膽の機関誌の要請で、魯一の記録をその孫樋田豐太郎が整理した資料から抜粋した。

魯一は一郎平から引受けた大きな宿題をどう片付けたか。この少ない資料を見て筆者が思ったことは、先づ井路を作って疲れ果ててしまった一番の功労者一郎平を、何とか休ませねばならない。宇佐八幡宮の能楽堂を借りて塾を作り校長として迎える。さてその資金は、まわりの同志は井手建設のためにすべての資金をつぎ込んで余力がない。そこで魯一は公の仕事でやむを得ないと決心し、当時税金が金納に変ったにもかかわらず、従前通り米で納めたものがあったので、多分この米を相場で売却し、税金は金納で完済し、余剰三十円を得た。他の資料では中学校の開設は樋田魯一と辛島祥平両氏がはかり開校となっているものもあり、辛島祥平と相談のうえであったらう。しかし公金の支出として、それをそのまゝでは使えないので、樋田魯一が学資金寄附として入金し、中学校開設として支出したと思える。小倉県もその辺は十分承知の上で、放置する訳にはいかないので、奇特の次第として木盃一個を下賜したのではなからうか。今なら、このような収支は許さるべきものではないが、県の方もとりあえず褒めておけば間違い無かろう式の処理をしている。

明治十年の西南戦争に触発して起った百姓一揆では、米納と金納の差額金の割戻金を返せという声があり、一郎平の小屋に火が放たれた。

次に水を取りあって騒動する百姓達をどうするか、たぶん時間給水を始めて公平に配水したものと思う。このために配水当番なり配水係を作ったと考える。ここまではどうやら考え及ぶが、第三の難問は当時三万円に及ぶ借金である。魯一の資料には淡々と書いてあるが、この対策は容易ではなかったはずだ。

魯一の家庭と生活は

明治六年七月、妻京（矢野氏）死亡。

同年十二月、妻ヒサ（羽生氏、中津藩家老羽生久兵衛の長女）と再婚。

魯一は父浅左衛門六十歳の時、長男として生まれたため、父老齢と云うことで十二歳より庄屋役を継いだが、父は高齢で九十一歳まで、母も八十八歳の長寿であった。

妻ヒサは一生子供に恵まれなかったが、よく魯一に仕えた。魯一に男子がなかったので、明治二十四年滋賀県の中川家より栄次郎を迎え長女チヨとの婚儀を行い、翌二十五年豊太郎が出生、ついで秀次郎、慶三郎、光四郎が生まれた。しかしこの頃樋田家には不幸が重なり、まず裁判所の判事であった栄次郎が現場検証のおり引いた風邪がもとで病没。光四郎、秀次郎、さらにチヨも病没した。後に豊太郎が大学法科を出た時、裁判官になりたい希望があったのを、裁判官は死ぬので危ないからと皆で止めて、教師の道を選ばせたという話が残っていた事からもこの時の打撃が想像できる。残された孫二人については、魯一とヒサが事実上の両親のように養育することとなった。

大正四年（一九一五）、魯一は横浜市鶴見の総持寺の法要に参列し、そこで倒れて病没した。

孫豊太郎は妻織（眞上眞一長女）と結婚。ヒサは大正十一年、豊太郎の福岡転勤とともに福岡に移り、ここで十五年の歳月を過ごすこととなった。福岡の住宅は東京に住んでいた時の住宅を解体移築したものであった。これは豊太郎が福岡に転勤するに当たり、ヒサは住みなれた東京を離れたくないと強く反対していたが、その妥協策として住宅を移築するということでヒサも納得したとのことである。福岡は環境の良い靜かな住宅地で、十五年間を平穏に暮らした。

孫豊太郎は旧制福高の庶務課長で、九州大学では農業法制史の講義をしていた。

ヒサは例えば毎月一日と十五日には小豆飯を炊き、家族の誕生日にはもち米で赤飯を炊き尾頭付きの魚で祝うなど古い仕来りに厳格で物の考え方が封建的であったが、きわめて潔癖で、食物についてもその衛生については特にやかましく云った。しかし、自身はたばこを喫んでいた。朝食はトーストに砂糖をつけて牛乳で、帽子のことをシャッポ、エレベーターのことをアッサンソールと日常語にフランス語が出てきて、モダンなおばあさんであった。かつての魯一との生活を彷彿とさせる。

鳥飼八幡宮や愛宕神社、筥崎八幡宮などへよくお参りに行った。

昭和十二年三月、豊太郎が文部省に転任となり、住み慣れた福岡を離れ東京へ転居することとなった。ヒサはすぐには賛意を示さなかったが、内心では孫の出世を非常に喜んでいたことと思う。（曽孫樋田並滋『樋田ヒサ略伝』より抄記）

魯一の退職後の活動は、農政関係の文筆活動と農会関係であった。

明治三十年、耕地区画改良方按発行。

明治三十二年三月三日、千葉県印旛郡農会総集会出張。

同年、耕地区画改良大成同盟会報発行。

明治三十三年十二月十日、日本農民会参議会議長。同年、大分県農会長。

明治三十四年四月十三日、大日本農会常置議員。

明治三十五年十一月十七日、全国農事会顧問。

明治四十四年、印旛・手賀両沼開拓事業計画。地域の有志から懇請され、水害による現地の窮状を見かねて、発起人ともども協力して運動を始めたが、この両沼開発の実現はなかなか進まず、結局、太平洋戦争後の国営事業による干拓計画により、昭和三十七年発足の水資源開発公団に受けつがれ、利根川水系開発事業の一部として両沼の部分的干拓と洪水防止の工事などが完成した。

大日本農会の運営は、農商務省在勤中に共に仕事をしてきた前田正名と相携えて事にあたった。（須々田黎吉『樋田魯一と耕地整理』日本経済評論社　八五頁参照）

面白いことに、『遠野物語』の著者柳田国男は、若い時農商務省に勤めていて、農会の仕事をしている。新潮社版の『遠野物語』の末尾にある山本健吉の解説によれば、

「柳田氏は東京帝国大学法科大学政治科を卒業して、すぐ農商務省農務局農政課に入り、かたわら早稲田大学で農政学を講義した。氏は『故郷七十年』の中で、幼少年時代を振り

かえって、十一歳のころ飢饉の実態の悲惨さを経験し、十三歳のとき地蔵堂の絵馬によって、産褥の女が生れたばかりの嬰児を抑えつけている凄惨な絵を見て大きなショックを受け、それらの印象が自分を農民史研究に導く動機になったと言っている。氏の学問につきまとっている経世済民的思想は、その基づくところが遠い。農政課では、産業組合と農会法との啓蒙のために、旅行の機会が非常に多かったが、この旅行好きは氏の終生の性向となった。『しんみりと歩く』という表現を氏はしているが、主として草鞋ばきの旅で、農民たちの生活外形の観察に止まらず、その意識の底に眠る渾沌とした微妙なものに至るまで、膚で感じ取りたいと願う。このような旅行に、無類の読書を加えて、それは氏を農政学や農民史の研究に止まらず、広く日本の常民の生活意識の根源に横たわるものの探求に向わせたのであった。」

　前田正名や樋田魯一と直接会ったことがあったかどうかは分からないが、時期的には樋田魯一の諸説を読んだであろうことは推測できる。

さて、いよいよヨーロッパ派遣である。

『歐米巡回取調書』は七巻《総覧・法朗西国ノ部上・同下・独乙国ノ部・白耳義国ノ部・瑞墺匈蘭陸伊英北米合衆國之部・漁業ノ部》の各巻合計三五三五頁の大部より成り、明治二十一年二月廿日出版、版権所有農商務省。

その中には冒頭、樋田書記官又は谷大臣随行樋田書記官の署名がある現地からの報告書から始まる部分もある。

「歐米巡回取調ノ義ニ付開申」と表題があって、報告書作成の経緯の短い文章があり、

明治二十年十二月

農商務屬　牧野健藏

農商務屬　關　澄藏

農商務屬　　道家　齊

農商務省參事官　樋田魯一

伯爵黑田農商務大臣閣下

欧米巡回の路順は前掲のとおり。

この中の総覧については、ヨーロッパ・北アメリカで調査した取調事項である農会、農業試験場、農業巡回教師、農学校、土地分合、土地整理、灌漑、排水、堤防。農業銀行、金融制度。農業全般、牧畜、水産、等の多岐にわたっての目録を提示している。

詳細な取調や資料については、二巻以降の各国編に記載している。

また、昭和三十五年農業災害補償制度史編纂室が編集した樋田魯一の『農業振興策』には、「彼は幕末若くして庄屋となり、その後一八七五（明治八）年七月小倉県第九大区々長より地租改正事務局に出仕し（当時三七歳）、爾後地租改正のため愛知県へ、ついで秋田、宮城両県の勧農にたずさわって勧農局入りをする。」すなわちこのような彼の経歴が示しているように、国内の農政に通暁していたからである。

その彼がやがて欧米視察の旅（一八八六＝明治十九年〜一八八七＝明治二十年）に出る農商務大臣谷干城の一行に加えられ、直接その眼で欧米各国をとらえる機会に恵まれたことは、彼を知る上において重要である。因みに樋田の文筆活動も帰朝後活発となる。

ここに復刻した『農業振興策』も右の欧米視察によってこれを世に問いえたのであり、その間の事情を樋田は次のように述べている。


「一昨年の春より欧米洲を巡歴して彼我の情況を対照し種々の感想を湧起し衷情の止むべからざるものありて遂に旅行中深夜眠る能はざるものある毎に筆記せるもの積みて堆を成すに至れり。これと旧稿とを参照して新に一の草稿を起し之を名づけて農業振興策と云ふ」

（「農業振興策の著書に評論を請ふ」『大日本農会報』第七九号　一八八八年を再録）

そこで明治二十一年に出版された『農業振興策』について紹介したい。『農業振興策』の原本は菊版縦組の活字本で二一一頁、しっかりした装幀であるが、農林省農林経済局農業災害補償制度史編纂室による再版の『農業振興策』は孔版印刷で横書きに直されている。内容については異同はない。

書頭、総論において、明治黎明期における産業と生活の心がまえを細かく指摘している。その要点を簡記すると、

一、人の世に処する目的は、幸福をもとむることにある。

二、幸福は業務を勉強することから生ずる。自分の資産、智力、学識、労力、時機の如何によって務むる業がある。その業務に勉励してあやまらないように。

三、業務に従事するものは、時勢を見なければならない。

四、我が国は古来一国孤立の小天地であったため、自然進取の気力に乏しく、野心も小さく、奮起する者は稀であった。殊に老いて子に養われるという風習は、

自から退縮の気に陥いるだけでなく、このため子孫は志を伸すことが出来ない。自然と小成に流れやすく、経済上の主義も事業も小局面に縮み、その身五十歳に達する前に整頓してその局を結ぶを貴ぶ風習があり、遠大な事業は興らず、欲望心は浅小であった。しかし将来を慮れば、汎く海外交通の事情に感じ、彼我の長短競争の間に新秩序を生ぜねばならない。その間、幾多の歳月と智力脳力を尽し、加うるに勉励節倹忍耐の力をもってあたらねば目的を達することは出来ない。

五、時勢は海外各国の事情を参照しなければならない。独り自国の時勢のみで孤行すべきでない。通商上の関係は実に海外の事情を識らなければならない。

六、およそ世界各国の気候・地質・風水雨量等の関係でそれぞれの特産物がある。製造物や美術品のごときも各国固有の長所がある。みだりに他の長所にならわんとするごときは、いわゆる虎を画いてかえって犬に類するのそしりを免かれない。自国固有の長所を捨て、他の長所と競争せんと試むものあれば愚といわなければならぬ。

七、我国の本体を確守するには、自国の富源を培養しなければならない。他国に在て利益あるも必らずしも我国に利益ありと期すべきではない。製造の事たる固と国の位置、資本の多少労役賃金等の尊卑及国民生計の度合等に関係するものであるから、他国に在て利益あるもの必らずしも我国に利益ありと期すべからざるあり。欧洲の不景気もその原因種々あるべしといえども重なる原因は製造業の過剰より来るものというべし。競争中なるをも計らずして、一途に製造は国を富すの原素なりとて、我が固有物産の研究を怠り、一方に猪進して欧洲の製造業にて隆んに利益を収めたる影をのみ慕ふが如きは、たといその志よしとするも、これは経済を識らざる愚たるを免かれざるを如何せん。必ずや早晩大失敗を招く。

八、自国の富源を培養するとともに、海外と交渉して富源の利用を図らなければならない。海外各国と交渉して富を致さんと謀るは有無相通ずるにあり、有無相通ずるの実利は互に貿易し得べき範囲内の物産を需用し供給する間に生ず。世界の物産について需用と供給の関係する概況を識らなければならない。

九、文明の進歩を外形上に望むべからず。いわゆる文明とは必らずしも外形に顕はれて耳目に触るもののみいうのではない。必ず内に富強の充実するものがあって、自然と外形に文彩の美を呈するを称するものであらう。外形上にのみ狂奔するは、かえって文明を発揮すべき原素の富を駆逐するの具たるを免かれざるは往々その実例に乏しからず。

十、外形上より入る文明は入り易いが永遠の実効を奏せず、欧洲文明の進歩を欽慕する余り一途に外形より進入し、家屋も欧風、衣服も欧風、さらに飲食その他もおおむね旧物を存するなく、夫婦の交際に至るまで欧風を習い得た時はその形としては一の欧洲人を模擬し出し、しかも言語上必要のない場合にまで洋語を交へ意気揚々たるも、自家内部の精神と営業又は財産が伴はないときは主要の目的を達することが出来ない。

元来彼の今日あるは一時の購入物に非ずして、多年の刻若勉勵により内に充実した財産があり、知識があり、学問があり、工芸があり、その他百般の上進発達の結果であるからである。

十一、富強の基、幸福を得る途は農商工業の基を深くするの秩序に依らなければならない。故にこれらの事に関する農事のことを以下に編述した。なおひろく農事に成績ある古今人の経歴を揚げんと欲すれども頗る繁砕に耐へざらん事を恐れ、仮りに二、三子の伝に擬して附録として参考とする。

最後には、鹿鳴館で踊る浮足たった世の風調を、にがにがしく思うおもいが表われている。

第二篇　教育及奨励

第一章　農業教育の事

我が国の農業教育は、近年の発芽であるが、その普及には見るべきものがない。

欧洲大陸の実例に照らせば、農業教育の普及は農業の進否をはかる尺度である。高等農学校は国家に必要なものであり、農事万般上進の淵源であるがつとに学理を講究し、高尚の試験をするところで農業進歩の機軸ではあるが、このような高尚な学業は普通農業者に学ばせる設けではない。農務吏員、農業巡回教師、農学教員、又は大農業家の監督者となる人達の学ぶ所で、普通農を業とするものの学ぶ所ではない。いわんや我国の今日の勢いは、少年子弟はやゝもすれば学問を自家の営業に利用するよりも、ともすればたちまち家業を疎んじる傾きがあり、この際は勉めて実業に合う農学校を各地方随所に設けるを得策とすべし。その設け方についてフランス国の一例を挙げて参考に供す。

ヨーロッパの農業教育、特にフランスの農業教育を紹介している。

我が国では、その後各地方に農学校が設立された。

第二章　農業監督官及巡回教師の事

泰西諸国には農業上進のため、農業監督官及巡回教師の設けがあるとフランスの一例を示している。

フランスの例を挙ぐれば、農業監督官又は農業教育監督官があり、又巡回教師を農区内の県ごとに若干名置いて監督官の指揮を受けて職務を行う。監督官の職務は各農学校、農業巡回教師、農会、農業試験地及び農産物共進会等を監督し、かつ開墾・牧畜その他農業進歩一切の視察をして、その職権内にあるものゝ執行と、特に農政に関する法律規則を設くる必要があるか、既発の法令に不適当なものはないか、農務卿に報告し、地方実際の情況を知らして政府に目的を貫徹させるにある。

巡回教師は、ベルギーの例として、担当区内の耕作者に直接農業上必要な教示及び参考の便を与へ、農会、農業会社、耕作者の集会に参列して有益な演舌をなし、農業学術の教科及び方法の広布に力を尽して民間で実際に行わることに務める。試験所及び実証耕作を指揮し、又農用分析所と耕作者の仲介者となり、化学の必要有益なことを識らせ、又は既肥及び補足の肥料及びに家畜の飼料の調合法に係る必要な説を伝うること。又各報道や統計等の務めがある。

第三章　農業巡回教師心得の事

巡回教師は農業者に直接接するので、その説くところ事ごとく農業上に利害を与え、農業経済に著しい影響があるので、実施の応用に至っては各地方耕作の慣習を重んずることが肝要である。

我が国では、現在も農業指導員が巡回しており、作物消毒の指導や果樹剪定の実習などを行っている。

第四章　農業奨励の事

農業は他商工業とは趣を異にする。泰西諸国しかり、いわんや我国今日の農業は遺憾ながら後進と云わなければならない。その奨励を挙げた国を例にあげると種々あるけれども、模範場・試作及び研究場のことは、実用に最も近いものであればフランス農務卿が地方県令に訓令した大要を参考とする。

それ農業は実に仏国幸福の基礎にしてその抱括するところの利益も数多なり、これに諸般適当の改良を加えれば、その得るところの裨益も大なるべし。農業者の地位を進めるは、農業者の進取力いかんによるものが多い。しかし目下農業者が苦しむ所の困難は、法律の力でことごとく除き得るものと信ずるのは大きなあやまりである。しかし政府が農業者を補助し得べきものもまた多いので、その尽すべき任は重いというべきである。政府は農業教育を布き、起業および改良の精神を振起発達するを務め、又農産物の原価を減じその産額を増し、農産物の品質を良くし、各国の競争に打勝つ方法を農業者に教うるにありとする。これは実に緊要の務にしてその功の速に成就することを企望する。

そして当時フランスで取った対策は、褒賞金、奨励金、補助金、特別褒賞金等、その財源の許す限りは挙行せざるはなし。実業教育を発達させるには農科大学を再興し、官立農学校を拡張し、農業教育普及のためには農業実施学校を作り、製乳、灌漑、ぶどう、樹木栽培等の専科学校を置き、養蚕模範場、乾酪製模範場を開き、小学校中に農科を設け、各県に巡回教師を置くなど農業を教うることに務めた。また炭疽(たんそ)病、狂犬病等の動物伝染病に対し、農業を保護するために対策をした。

農業奨励は国内各地方の模様に従い、その適当を計り奨励のよろしきを得ば、益著大の物産を得るの功あるべし。

第五章　農業名誉共進会の事

我が国ではすでに各種の共進会が行われているが、しかし農業上の処理方法を農業経済に照らして優劣を判定するところの名誉共進会なるものは行なわれていない。

この共進会は農業経済の上進をはかるのに最も効があるもので、近年ベルギー国で行われているものの概略を紹介する。

甲、総反別を示し、施す輪耕法(かへさく)とその理由、果樹の種類及び植附手入れ。

乙、土地の整備、耕地の深耕、農具の種類得失の説明。

丙、播種及び挿苗(ふえうえ)、その方法。

丁、肥料及び手入。

戌、収穫及び貯蔵、収納の方法、器具及び用法、収穫量、調製方法。

巳、経済、所得の計算、消費の計算、純益の増減とその理由。

庚、養蚕と家畜、飼養の方法、家畜の血統、飼料、交尾方法。

これらの事項の優劣を精細に比較して、優等者に賞与を行う。

第六章　農会の事

農会は各地方の紳士がその地方の農業進歩を謀るために設けるものなり。泰西諸国では、その会員は資産学識徳行経験を有する地方上流者の結合に成りたつもので、直接に農業の進歩をはかり、間接にはその地方の隆盛を期するものとする。

フランスには各地方に農会があり、特に首府パリーに農会があって全国農事上進の渕源となっている。その組織は遠く古来より学識高邁な博士や特別経験に富む老農を委員にあてる。王政の時は王国農会と称し、帝政の時は帝政農会と称し、政府の顧問となり、又は政府に代って施行することが多々あり。

ベルギー国は県立農会がある。

ドイツ聯邦は各邦に大農会あり、郡村に小農会があって農業の上進を図り、ほとんど農会自治という姿をしており、ベルリンにパリーの如き農会組織を計画中であるという。

樋田魯一は農商務省退職後、大日本農会常置議員や大分県農会長を務め、農会の発展につくした。

第七章　農業試験の事

農業試験は二様に区別する。その第一は実地の試験とし、第二は試験の名で現業家を誘導する方便である。ベルギーでは六百ヶ所で行われている。農家はとかく旧慣に安んじ進取に乏しいものであるから、いわゆる論より証拠の実施に試みしめて判然得失を知らしむる術である。試験田には標札を建て公衆に示すべし。

その後我国では、農業試験場は品種改良や植栽方法の改良等に取組んで、それなりの成果をあげた。

第八章　産馬奨励の事

産馬の盛衰は直接間接に農業上に大なる影響があるので、いづれの国でもその蕃息や改良に充分力を尽さざるはなしとして、ハンガリーの各牧場の例を紹介している。又軍用馬にも言及している。

第九章　牧牛奨励の事

我国の原野の広漠なるはおよそ世界にその比を見ざるが如きも、いたずらに放棄してかえりみないのはどうしてか。このような原野については開墾すべきは開墾し、樹木を繁茂すべきは樹木を繁茂させ、牧畜をなすべきには牧畜をさせることを深く企望するあまり、我国とやゝ山国の趣きを等しくするスイスの牧牛の大要を揚げて注意を惹起する。としてアルプス地方の開発、牧草地作りの実例を紹介している。

第十章　余言

我国の人口は三千八百万人、六割が農業者で二千二百八十万人、その内老幼を除いた一千万人が実労人口であるが、固有の田畑を耕して余力があれば、なぜ造林に力を尽さないのか。なぜ開墾に力を尽さないのか。なぜ牧畜に力を尽さないのか。まことに我国の土地の景状に対比すれば悟るところが多い。泰西諸国の開発比にくらぶれば我国は人力を加へざるの科(とが)に坐すのみ。我国は山林に富むと云っても、用材を輸出することは無いではないか。明治十八年の木材板類の輸出は僅々十四万円に過ぎない。又原野が多いと云っても、未だかつて動物の海外輸出を聞かない。目下内地の需用にもはなはだ乏しい。労力は不動固定のものに非ず、全般の労力を利用すればその効果が表われよう。

緬羊蕃息及び牧羊現業学校の必要。明治十九年中に海外より輸入した羅紗類羊毛類は羊毛五十万斤、毛糸六万五千斤、その他輸入布類を品目別に揚げ、逐年需用が増加する勢は免かれざるにも係らず、我国緬羊の蕃息は微々として振わない。我国に原野が多いのにこの不振はいかなるものか。

耕作上馬を用うるに代るに牛をする。欧洲の集約農家は漸々牛を耕作に用うる傾きとなり、その説くところは、三歳の牛は殆んど馬と同等の労役をなし、しかも食料が廉く馬の食料の半額である。牛は秣草とさとうだいこんの残滓とを等分した混合物でいいが、馬は裸麦を与えなければならない。馬具は牛具の二倍の値がする。牛は最後に肉用にするため価値を増す。農用に馬を使用するより牛の方が経済である。
　なお農産物の遺利を拾うべし、宇宙の万物に捨てるものは無いとの原則にもかかわらず、不注意によって放棄するものがある。販路を発見せざるによって無用の長物に属するあり、人事を尽さないために遺利に属するあり注意を惹起したい。と二、三の例を挙げる。養蜂、漆（うるし）、くるみ（食用・小銃の台）、麻、リスや兎の毛皮（帽子の材料）、馬のたてがみと尾（椅子類の蒲団材料）、開墾時の小軌条（色々な作業への利用）、ブドウ園（各農家にある小規模なブドウ園の収入）、農業保険（農業者の安泰のため）。

参考のため当時の世相を示すと、
明治九年（一八七六）
札幌農学校（北海道大学の前身）開校。

明治十年（一八七七）
　東京大学、学習院創立。
明治十一年（一八七八）
　駒場農学校設立。
明治十六年（一八八三）
　鹿鳴館落成、鹿鳴館にて舞踏会盛行。
明治十七年（一八八四）
　婦人の洋装盛んとなる。
明治二十二年（一八八九）
　第一回帝国議会開く。

第三篇　計画方法

第一章　提要

第一　精神を純（もっぱ）らにすべし。

農業振興の如きは極めて遅緩の成効を目途とするものであるから、精神を純（もっぱ）らにして悠久に渉らざれば、たとい如何様の方法を設り計画を施すも良結果を得るを能わざるべし。

第二　一家生計の程度を定むべし。

およそ家政の根基は、入るを量って出すをなすの程度を定むるにあり。世に消費を基とする論者が居るが、この論者は出るを量って入るを務めよと説くが、その論理は奮励努力を惹起する手段なるにもせよ、農家の経済上には望むべきでない。

第三　共同力を利用すべし。

隣保相助くる農業組合は農業保険の一つであって、農業有形組合は農業経済の一助である。社会は総べて協同力に依るの利益たる原則に基き、百般の利用を図るべきである。

第四　事業の計画方法を定むべし。

農業振興は事業計画及び方法を定むるをもって基本とする。しかし、もとよりその計画方法は、各地方の情勢によって適否があるものであるから、彼是取捨折衷しなければ、いかなる名法良計も席上の談に過ぎない。本篇の計画方法の如きも参考に過ぎない。

第五　農業資本の融通源を開くべし。

殊に農業資本の重要な明白の証左は、世界各国の農産物競争で、なかんずく北米合衆国及び印度農産物の競争を恐れざるべからざるにあり、これら競争の困厄を攘除せんには農業資本を充足せしむるより急旦要なるはなし、その資本の源は細流をあつめて滔々たる洪流を貯金法に利用し、或は郷村銀行を興し、或は不動産抵当銀行を興し、或は在来の国立銀行で農業貸附の方法を開き、日本銀行をして全国の融通の円滑を主宰せしめ、或は中央貯金銀行を興し、農業資本の貸付をなす等、各地方の情況に適応する方法を選択あらんことを望む。

第六　蓄積法により富を来るに迎ふべし。

富は来るを迎えるにありとは万古不易の格言である。

第七　永遠進歩の基礎を定めて幸福を子孫後世に遺すべし。

古来より人生僅か五十年白駒の隙を過るがごとしという。事業をなすべき時間の短さを歎ずるものである。活発に事業をなし得べき日は僅々二十年に過ぎず。油断すれば事業いまだ成らざるに夙く白髪を載くに至る。事業は寸時も怠るべからず光陰は流水のごとし。時間一度去る時は再会することが出来ない。事業成らずして徒に草木と倶に朽るのは最も残念なもので、年老ひ力衰えて後、いかに悔ゆるとも及ぶことはない。

第八　欧米人の有爲を鑑（かがみ）とすべし。

欧米洲を巡歴するに国民が豪奢なのに驚いたが、彼は勤勉蓄積忍耐の三徳を有し、勇敢で人世の快楽を購うに吝ならざるの結果であることを知った。

事業の始めは小にして、漸次利益を獲るにしたがい事業を拡張するものにして、建築の外見を飾らず万般の経費を節約している。それに引きかえ我国近年の起業家は当初ふれ出しを大に、店付を壮にして、多数の役員使用人を置きて開業式を盛んに挙行するものとは全く反対の処置に出て、専ら実利主義すなわち経済上の成立ちとして、イタリー国の例、ドイツ国の例、フランス国の例、米国ヒラデリヒヤの例などを紹介する。

第二章　農業保険、すなはち隣保(となりどうし)相助くべき組合のこと。

従前我国に五人組の法あり、或は実際に行われざる地方もあって虚名に属せしものもあったが、実際に行われてその利益を収めた地方もあった。

万一、農家の戸主の疾病等事故がある場合は、その家は大変であるが、収穫上の国家の損失もあり、経済上の取返しが出来ない。このような場合隣保五人なり十人なりの農業組合があれば、相互に助け合いの備へがあり本人の衰滅を免かるゝのみならず、国家の損毛も救うものである。

第三章　農業上有形組合（かたちあるくみあい）の事。

　農業進歩の方法として、著しい実効のあるものは有形組合である。有形組合とは、肥料購入組合、種子物購入組合、農具購入組合、農産物販売組合、農産物製造組合等をいう。一括購入で廉価購入が可能であり、販売するにも同品を多く集めて売捌き価値を貴くすることが可能であり、農産物を一ヶ所に集めて製造加工することもでき、共同倉庫の利用等、その利益は著しい。

現在、農業協同組合ＪＡとして活発に事業が続いている。

第四章　共同農具使用法の事。

　高価な農具を共同使用して使益を得ること。

第五章　耕地の区画及び耕作路改良の事。

およそ耕作の便宜は耕作路と耕地区画を設けるにあり。その設けよろしきを得ざれば農事の進歩を見るべからず。しかれども元来耕地はその始め草味の時より漸次に開拓して、地勢の自然に基き区画をなし、したがって所有者も定まり耕作路もひらけたるものなれば、古来より土地の区画は自然の高低曲折に一任したものと謂うべきこと。歴年の久しきに漸次改良を加えたるもの少なからずといえども、現状を見ればその耕耘が便とは云えないものもあり、又耕作路も耕地の便宜に適しないものが多いが多年の慣習に安んじるに過ぎず、耕地耕作路の便否は農業経済上に大いに関係があるものであれば、その不便を知ればこれを改良しその便に就かなければならない。もとより一個人の力では成し得ない事業であるのでその方法を列挙するとして細かく指示書を書いている。

第六章　交互錯雑（さくざつ）の私有地交換の事。

　我国の耕地はおおむね区画狭小に失するものにして、数反歩の所有が十数ヶ所に星散し、あまつさえ甲家の所有地は乙家の側にあり、乙家の所有地は甲家接近にあるがごときは珍らしくなく、このような星散又は隔離の耕地は耕耘に運輸にはなはだ不便で、農業経済上不利である。今前章に示す如く耕地の区画及び耕作路の改良をなすと同時に、若しくはその前に成るべく甲乙丙丁所有者の耕地を交換して一とまとめとなすを便宜とする。耕地交換及び区画改良の事は、所有者の利益であり国の富を増す方法で、徴税上と便宜で、欧洲各国の政府は奨励の意味から相当の保護をしておるようだ。

第七章　共有原野処分の事。

　入会の原野等共有地は秣（まぐさ）刈敷等が行なわれて来ていたが、耕地牧草地とならざるはなし。川添地、或は火除地、或は遊歩のための森や公園はさておき、無量の荒漠地を共有の空しい不毛地のまゝ放棄し置くものゝ損失を考える時は、私有地とする方が得策ではないか。

第八章　耕地灌漑の事。

我国では陸田に灌漑の事まれなりといえども、将来農事の進歩にしたがい、必ずや陸田といえども灌漑の利用あると識るべし、殊に人造牧草地のごときは灌漑の必要が最も緊切である。

古来我国水田の灌漑には、力を極めて木工を興し経営に観るべきもの多しといえども、井堰溜池及びその本溝又は支溝までの経営に止まりて、いまだ一地一田の灌漑法に便宜の設けあらざるがごとし。いわんや本溝支溝といえども水門開閉の箇所に至っては最も不究理にして、往々配水分水の宜しきを得ざるがために人夫を徒費すること多くして且適当の取水を得ざるものゝ如し。それ耕作の便否は灌漑にあり、灌漑の便否は国の経済に大関係あり、また井堰溜池圦樋等の工事に往々注意が薄い。

灌漑工事にはつとめてセメントを用うべし。

樋田魯一は郷里宇佐で区長をしていた時代に、広瀬井手（宇佐井手）の総轄を南一郎平に次いで委託された。そして南一郎平の井手工事の後始末をした経験から、当時の苦労が語られている。

第九章　耕地排水の事。

およそ排水の必用は一にして止まらず、しかし今回は市街又は衛生上に係る排水の事（下水）は別にして耕地排水のことだけに絞るが、沼沢谷地や沿海沿川の〆切地の溢水の害を受ける地等のために、單に耕地の排水に止まらず、大は一国一郡に亘る水理工事、小は一地一田圃の排水に至るまで、経済に基き利用を計り水理工事に排水に怠ることがないよう、人力を以て旧来の困厄を排除し、湿地を変じて乾燥地となし、谷地又は沼池といえども不毛を変じて盛なる耕地となすことに力を尽すにあり。として欧洲の排水の例を示す。

欧洲にて排水をなす一、二の例を挙ぐれば、排水の大なるものは、フランス国でシュシローン州カマルク地方で、マルセール港の西にあたり、酷なる塩分を含み湖溜りとなって全面に植物生ぜず、古来より廃地となって誰も顧みなかったが、近年排水工事に着手し土地を乾かすと同時に灌漑溝を搾へ河水を注入して塩分を流した。その後ぶどう園となっている。

オランダは元来卑湿（ひしつ）の地であったが、国内に十数万の風車を備え、溜り水を人造の川へ繰り揚げて海に流し、排水して数千町歩の良圃を開拓した。

その他ルクセンブルクの小排水の例を示し、湿地を乾燥地として良圃に変えた例を示している。

近年の成果は、八郎潟干拓の大潟村や有明海の有明干拓地、諫早湾干拓、利根川水理と印旛手賀沼の部分干拓、その他豊前海の呉崎干拓などがあり肥沃な大農地が造成された。

第十章　生糸検査所の事。
附蚕業家の注意

養蚕、生糸は、すでに明治三年明治新政府の殖産興業政策に基づいて計画され、明治五年（一八七二）十月、富岡製糸場が開業した。

生糸は我国物産中輸出品の最上位に居るものにして、頻年製し方精良となり年一年と進歩し、はなはだ愉快であるが、未だ欧米需用者の望に適せないので、莫大な不利益をこうむっておる。

生糸の改良上進を計るには器械力の検査法によりて良否を検定し、その短所を上進させなくてはならない。

泰西では一九〇〇年代の始めから生糸検査所を設けて、品質の向上をはかっておる。

欧米諸国中自から従来の慣用ありて、支那糸を需用するあり、日本糸若しくは伊太利を需用するあり、容易に他の生糸を用ふるに移らず、これを移すには暫時他に優る好尚と価格の低廉よりさそふの外なきものにして、現在の価格を維持しながら俄に日本生糸の供給を拡張し、他の国の販路を奪はん事は萬々成し能はざる事なり。果して然らば他国との競争に宜しく競争すべきの途、即ち生糸検査所を設けて改良をなし、且つ製糸費を省き、進んで得意先を殖し、輸出の増加を図るにあらずんば能はず。漫に我国の生糸増額説を実行せば、不測の禍を招くことあるべし。

富岡製糸場は、経営的には原料繭の高価と多額の経費を要したため損失を重ね、民営となり、最後には片倉製糸と合併し救済された。現在ＴＰＰで農産物の輸出を軽々に主張している政治家達が居るが、実際にはかなりむつかしい。

第十一章　輸出米組合の事。

我国の農産物中、最も多額を占めるのは米穀にして、古来より水田稲作地方は陸田地方に比し、一般的に富が勝れる大勢であった。しかし近年米価は次第に下落して農家経済に容易ならざる影響を及ぼしている。そこで海外に輸出を図って農業経済挽回の一法として企図する。そのために欧洲各国の米穀需要に関する事情を列陳して要点を説明する。として欧洲各国の事情を数字をあげて説明している。

明治の始めに、米の輸出を考えていたことに驚く。

欧洲の市場における最上品は爪哇（じゃわ）米で、これは味よりも形状が大で色沢が純白なためで、上流社会の膳部に常にされる。欧洲各国に需用する米の数量は、八十万屯から九十万屯であるが、日本から供給されるものは実に僅少であるとあり、欧洲各国の米の使用は、ライスカレイ用、米肉混炊用、アミヂン用で、ライスカレイ用は上下一般の料理法である。アミヂン用は必ずしも上米を要しないので印度米の需用が多い。アミヂンとは米を粉末にして澱粉（でんぷん）を取り、菓子用、洗濯糊用、白粉用とするもので、実に広大なるものである。印度の砕米を多く輸入すると聞く。として輸出米に視点を据えている。

米の輸出を考えるに、食用であれば先づ輸入国側に食習慣があり、需用がなければならない。現在、寿司・日本食ブームで需用の高まりが有るので、この波に乗って供給することは出来るが、料理によっては、ジャポニカ米、インディカ米の使用勝手の違いもある。

第十二章　煙草（たばこ）作拡張及輸出組合の事。

我国の煙草は品質上等ならず。欧洲では印度のスマタラ産が供給の大部を占めており、荷蘭陀（おらんだ）国アームステルダーム港の輸入だけでも三十萬俵の多きに及ぶという。

本邦産の煙草葉がスマタラ産に及ばないのは、焼け灰の色が鼠色となり白灰にならないこと、葉色が濃褐色でないこと、味わいに強味がないことであり、この三点をスマタラ産のように改良すれば輸出も可能である。

第十三章　共同永遠に渉る画策の事。

防風林植付の事、溜池又は堤防修策の事、運輸に係る事、道路並木植付の事、共同用材植付の事、水源涵養及土砂扞止樹植付の事、共同蓄積の事（資本の蓄積）、その他必要の事、を細かく分析し指示している。

第十四章　種子物屋の事。

植物の種子は隣地や懸け隔りた地にても花粉の媒助によって変化するものなれば、種子の作り方、撰び方ともに専門の仕事でないと充分に精選出来ない。そこで世の開明に随い、何事も分業となる例にしたがい、種子物屋も分業になるのが望ましい。

第十五章　土質肥料及び農産物分析所の事。

耕土を分析してその含有するところの成分を知る。肥料を分析してその成分を知り、土質に不足する成分を補うとしてその手法を示している。

第十六章　肥料前貸法及び肥料製造所の事。

肥料前貸法を設け、その代金を収穫後に徴収する方法。その他。

肥料が耕作に必要なるは判りきった事である。しかし肥料が農家の必需品なるにもかかわらず、未だ供給上に適当な便宜が無いのは大欠点ではないか、需用者に便宜を与へる肥料問屋が必要である。そして肥料前貸法を設けて、代金は収穫の後に徴収する方法を行うべきである。以上の方法によりて、肥料の需用年を追って拡張せば、供給者たる肥料製造所も各地に設けねばならず、従来の秣又は厩肥や魚類、焼酎糟等の他舎密肥料の製造も各地に設けて供給される。

舎密肥料は窒素若しくは燐酸又はポッタースのみを多く含有するあり、又稲なり麦なり、桑その他の植物に要する成分を適当に調合せるものありて、農家は適当な肥料を購入するに便利である。

現在、農協の肥料等支払はこの方法によっている。

第十七章　家畜並びに家禽の改良蕃息の事。

家畜家禽蕃息の利益は、第一は穀物蔬菜牧草等の植物を直接に収穫物とせず、飼養として動物を収穫する利益は、単純に植物として収穫するより利が優る事。第二は耕作運搬騎乗に便利をあたえ、肥料を盛んに得る事。第三は凶作時の飢餓対策に植物だけの場合より災を免がるゝ事。その他滋養として人体を強壮にし元気を増す等、その利益枚挙にいとまあらず。然るに我国従来家畜家禽の盛大ならざるは、家畜家禽の殺生を厭ひ随って肉食せざるにあり、第二に原野にのみ牧畜をなす上古の遺風依然として現存するにあり、第三は耕耘すべき平地が狭隘で牛馬荷車を用ふる必用少なきにあり、なお以上の他にも種々原因がありて経済上俄かに家畜家禽の蕃息を企て得ざるが如し。もし今の慣習を一変して宅地近方に飼養するが如き適当の方法があり、経済に適する事あらしめば、誰かこれが蕃息を冀はざらんや。として、蕃息の方法と注意事項を書きとどめている。

魯一は今日の畜産の隆勢発展のさまを夢見ていたようである。

第十八章　山林区域の事。

山林となるべき地を捨てゝ空山（からやま）として顧みざるもの枚挙にいとまあらず。樹林となすべき地に樹林を作らざるは実に不経済である。

現実には、木材は世界相場に振りまわされて林業は苦境に立たされている。

第十九章　自家の方按をもって租税の軽減を図るべき事。

国民の義務として適当に負担する租税であるが、自家の方按をもって軽減すべき途あらばこれを軽減するに勉むべし。

第二十章　農業資本の源を開発する事。

農業は手近くしては牛馬及び農具肥料の購入に資本を要し、又進んで農産を製造せんには相当の器械を要し、土地の改良、原野の開拓、或は砂漠の開発には鉄の小軌條（ドニーヒール）の架設を要し、沼沢の干涸湿地の排水にも排水器械を要する等、ことごとく資本を要せざるなし。

これらの資本は借入融通の便利が無ければならない。貯金銀行を起して利用するより善きはなし。その方法大なる時は官の保護を仰がねばならないが、区々小部分を行うには土地の資産家の発起が必要である。として貯金銀行の設立、運営を細かく例示している。

第二十一章　勤勉蓄積忍耐は萬業成就の母たる事。

勤勉蓄積忍耐は萬業成就の母なりとは、時の古今と洋の東西とにかかわらず、不易に通ずるものにして、欧米豪農の興るや概ねその初め勤勉蓄積忍耐の功に依らざるなく、漸く富んで豪農となりては土地を多く所有するのみならず、併せて動物を多く所有する風習なれば、いやしくも豪農と称する人にして牧畜を盛んにせざるもの殆ど稀なり。として欧米の豊かな生活を紹介している。

ひるがえって都府の景状をかえり見れば、実に驚くべき盛況であった。これもまた勤勉蓄積の余沢に外ならざれば、左に二三の景状を記す。

巴里府は仏蘭西国の首府にして、世界一の豪奢なる市街なれば、その町並の壮観は人目を驚かし、家屋はおおむね一町一区域を一棟とせし四面表の店構にて、地平線以上七層の高閣にして美術を施したる石建築なり、その中に幾家族も住んでいる。地平線以下も一層もしくは二層の石室となれり。

市街の便利中第一に目に着くものは水道管なり、この水道管は道路の左右に通じ、又室内には七層の上までも上水の通ぜざるなし。但し水道には飲用水あり使用水あり、使用水は家々の使用を充し且毎朝道路を洗滌(あらい)、所々に噴水(ふきだし)を設けて市街の風致を添へ、或は使用に供す。路傍の便所は直立の石壁なれば、流管を通じて瀉下せしめ常に臭汚を洗ひ去るものなり。
第二の便利は下水道なり。この下水は市街の地下に暗溝を開削してこれに無量の枝暗溝を通じ、萬般汚物の洗浄したるものを此暗溝内に注瀉せしめ、市街を距(へだ)るはるか下流に押流し、以て地上には一掬(すくい)の汚水をも止めしめず。市街は清潔にして衛生的である。又、この下水溝は両壁を直立に煉瓦で築き、その天井に水道管、電信線、電話線、郵便葉書を送る空気管等を仕込んで街上人目に触れしめず、市街の壮観を損ねない。

第三の便利は地下に通るガス管である。全市街数百萬の室内を照し、市街の点燈幾千萬が識らず。（当時はガス灯であった）

その他、セーヌ河の汽船の多さ、乗客や荷物の揚卸の便は至れり盡せりで、河の数十ヶ所に橋を架し、河畔左右の石垣は立派で河畔たるを忘れしむ。多くの大公園、博物館、書学館、商品取引所(ブールフ)、寺院、往時の宮殿、凱旋門、国家に功労ありし人の銅像等、予の鈍筆を以てその繁花を形容せんとせばかえって実地の壮観を汚さん。

アンヴェルス港。欧洲大陸中一、二の良港で、版図は白耳義国に属す。しかし商業上の便利より欧洲大陸共同の港と称して可なるべし。積荷の揚卸しは萬力機械（クリュウ）を以て行う。

チュウリック府は瑞西第二の大都府にして、織物の盛んなる地なり。河水を堰き上げ、その水力で機械を転運せしめて上水し、その力で原動力を起し、これを全市中に通して各機織所に利用する大機械を設置せり。大工事にして人事に便利である。

英国リバポール港は欧洲第一の繁昌港なり。この港より向河岸までの距離は約二哩余で、海上には往渡来航織るが如き便利であるが、尚河底にも隧道があって汽車が通じ往来便利である。鉄道は尋常交通の鉄道で、河底に近づくと勾配を下げ、河底を通ずる仕組なり。河の前後に停車場が在り、この停車場には水圧力をもって乗客を上下する釣室（リフト）があり、地下の汽車に乗らんとするものは此釣室に立入れば忽ちにして圧下し汽車道に達し、乗車して向川岸の停車場に達し、前の如き釣室あり、之に立入れば忽ち地上に圧上する。

釣室の設けは欧米各国至る所の上等旅館等にも設けがあり、五階七階に上下するには皆此釣室（英国にてはリフト、仏国にてはアッサンソール）を用ふ。豈(あに)人事愉快のはなはだしきものにあらずや。

紐育(ニューヨーク)は米国最一の繁昌する港なれば市街殷富、市街の空中に数条の鉄道を架し、往来に便するの設けは目覚しきものといふべし。鉄柱をもって鉄道を支持せしめ随所に停車場(ステーション)あり。この汽車は二分時間毎に発車するものなれば、発車の待合せする要なし。交通の便利なるは実に人事無上の愉快にあらずや。

当時魯一が見た西洋であった。

以上、今は使わない字句も使い、原文の味を残して略記した。

日本三大疏水

明治四年七月十四日、維新政府は中央集権化の動きを強め、廃藩置県を断行。禄をはなれた武士達は困窮した。

明治七年佐賀の乱。佐賀藩士族が明治新政府に反抗して起した。江藤新平、島義勇が中心となり二千余名の挙兵。

明治九年神風連の乱。新政府の佩刀禁止令を引がねとして熊本に起った士族の暴動。大田黒伴雄、加屋霽堅らが中心で百七十余名が熊本鎮台を攻撃した。続いて秋月の乱を誘発した。

明治九年秋月の乱。宮崎車之助（みやざきしゃのすけ）ら旧秋月藩の不平士族二百数十名が、神風連の乱に呼応し、萩の前原一誠に合流しようとしたが、小倉鎮台兵に鎮圧された。

明治九年萩の乱。前原一誠が五百余名の不平士族を率いて反政府の挙兵をしたが、政府鎮台兵に鎮定された。

明治十年西南の役。西郷隆盛と薩摩士族の挙兵。

各乱の人数については諸説あって定かでない。前原一誠の萩の乱では、自害の人を除いて処刑された者は七十二名とされ、罪人は蝦夷(えぞ)地の開発に送られた。当時の刑務所であった空知の月形樺戸博物館に残されている事績では、明治初期の政治犯である佐賀の乱、熊本神風連の乱、山口萩の乱、西南の役など各地で起きた反乱の国事犯は、北海道を流刑地として送り込まれ、元武士達は赤い囚衣を着せられ、曠野の道路建設などの過酷な労働に使役された。集治監（当時の刑務所の呼称）側に、京都池田屋事件で「御用。御あらためでござる」と斬り込んでいった新撰組永倉新八が剣術師範として名前が見えることから、そのような刑務所で、きびしい刑務であったことがうかがえる。

普通には、武士は食わねど爪楊枝と云っているが、本当は武士は食えねど爪楊枝ではなかろうかと、まあそう曲って思う。どうせ世のひねくれ者が作った狂句だろうから、まともに云う訳はない。武士ぢゃ食えないのに、爪楊枝をなめて見栄を張って暮らしているとのひやかしだろう。このややこしい旧武士共に食と職を与えなければならない。

明治九年、内務卿大久保利通は、県の開拓掛だった中条政恒から安積台地を灌漑する猪苗代湖疏水の請願をうけた。政府は困窮している士族の救済として授産政策が必要であり、大久保は南一郎平らに開発にふさわしい土地の選定を命じた。安積台地はほとんどが荒野だった。南一郎平らは東北一帯を踏査し、青森県三本木原と福島県安積原野と栃木県那須を候補とし、明治十年安積原野四千町歩（ヘクタール）を最適とし報告確定した。

明治十一年三月。南一郎平は安積疎水工事着工準備担当として現地の桑野村に常駐することとなる。明治新政府は安積野に農地を作って、旧武士を新農民として定住せしめようと開発を急いだ。

明治十一年五月。参議大久保利通は東京都紀尾井坂の路上で、不平士族島田一郎に襲われ暗殺される。

明治十二年五月。政府は猪苗代疏水事業及び原野開墾事業の着工を許可し、安積疏水工事が始まった。南一郎平は内務省勧農局猪苗代疏水事務所の係員となり、最高責任者奈良原繁を補佐した。

また樋田魯一は、当時内務省三等属勧業局専務取扱であったが、明治十四年一月十二日安積疏水掛兼務となり、ここで又南一郎平と郷里宇佐の広瀬井手以来、伴に疏水開発にあたることとなった。

安積疏水は猪苗代湖から水を引き、幹線約六十キロメートル、支線を合わせると一二七キロメートルの工事で、明治十五年五月に僅か三年の短期間で完成した。十六橋水門やトンネル工事、石積工事など、宇佐の広瀬井手にかかわった大分の小川徳兵衛や児島佐左衛門が率いる工事集団の児島組などが、地元の協力を得ながら工事を進めた。

完成後、全国九藩から五百戸二千人の士族が新農民として入植し、一千ヘクタールを開墾し農地に変えた。

南一郎平は奈良原繁の後任として、疏水掛長に任命されて郡山にとどまった。

次に琵琶湖疏水は、都が東京に移ってからの京都は力なく、衰退していく京都の復興を図らねばならないと計画された事業であった。産業振興を図るには京都の河川では不足である。大水をたくわえた琵琶湖から引くしかない。

明治十四年七月、北垣京都府知事は安積疏水を視察し、初めて一郎平に会った。北垣知事は琵琶湖から水を引きたい思いを述べ、ぜひ京都に来て現地を見てもらいたいと頼み、一郎平も申し出を了承した。

翌明治十五年、一郎平は京都に赴き、現地を調査し琵琶湖水利意見書と水利目論見表をまとめ北垣知事に提出した。京都の琵琶湖疏水工事はこれによって本格的に動き始める。

工事に取りかかるにあたり、北垣知事は南一郎平を工事主任に迎えたいと内務省に何度もお願いしたが、内務省にとっては一郎平は必要な人材であったので実現せず、工事主任に工部大学校を卒業したばかりの若い田辺朔郎を迎えることになった。田辺朔郎も西洋の近代工法技術を使って立派な疏水を作りあげた。今日の京都の繁栄を見ることが出来る。疏水ルートは一郎平の意見書が基本になっている。工事には宇佐からの工人も加わっていた。京都市蹴上には田辺朔郎の銅像が立っている。

那須疏水は栃木県北部の那須野が原に農業用水や飲料水を供給する水路である。

那須野が原は四万ヘクタールに及ぶ平野であるが、その原野には何度も開拓が試みられたものの挫折している。水利の便のきわめて悪い地域で、中央を流れる蛇尾川は地表にほとんど流れないいわゆる水無川で、水は地下を伏流し生活用水にも事欠く状態であった。明治政府は士族授産の一つとして、那須野が原の大規模開拓を始めたが、最大の障害は水問題で、内務省は安積疏水を手がけた一郎平らを起用し、国営事業として疏水の開削に取り組むことにした。

明治十八年四月、那須疏水開削工事起工。一郎平は総監督として指揮にあたり、十六・三キロメートルの幹水路をわずか五ヶ月で完成し、難工事を思わせる蛇尾川にはサイホンの技術を使い、水無川である蛇尾川の下を約二八〇メートルのサイホン式のトンネルで通水し、現在の繁栄の基を作った。

那須疏水開削工事担当中に、一郎平は内務省土木局第一部長に任じられた。

安積疏水と琵琶湖疏水と那須疏水を日本の三大疏水と云っている。

明治もその頃になると学歴社会となり、実力が有っても、それなりの処遇が出来なくなっていく。

明治十九年、一郎平は鉄道省に移った。

しかし鉄道省でも状況は同じで、洋行帰りや大学出の人材が多く、一郎平が働く余地はなかった。時の鉄道局長井上勝（いのうえまさる）は、一郎平に民間にくだって十分に腕を揮ってはどうかと勧め、一郎平も鉄道局事務官を最後に官を辞し、同十九年、鉄道土木建設を専門とする現業社を創立した。

現業社はトンネル工事を得意とし、難所碓氷峠、直江津線の関山駅―直江津駅間や箱根隧道（御殿場線）のトンネル工事等を中心とした鉄道工事に従事した。しかし会社経営では収支の苦労も多く、思うように利益の上がらぬこともあり、晩年は現業社の経営から身を引いた。

明治二十一年、広瀬井手の功績により、藍綬褒章受賞。

ここで話を再び樋田魯一にもどす。

先に述べてきた『農業振興策』の後段を記す。

附録、内田勉太郎伝

これは魯一の創作小説であるが、今まで述べて来た方策を一つづゝ辿った人の成功例を書き示した物語である。

魯一はまわりの人が気をつかう気難しい謹厳な人であったが、このように小説の発想で云うことの方が驚きである。

附録、後藤精之介伝

これも小説風に書かれた主張である。

前半は魯一が歩いた地方の事績・事業場であるらしく、遍歴した国内各地の農業の実態を思い浮かべて書いているが、実直に現地を調べている事績については以下の通りである。勢力的に多くの用水路、開拓地や製糸場が書かれている。

九州久留米の田代又左衛門が作った袋野用水切通し、床嶋堰・大石堰。備前の熊澤助右衛門、津田左源太が施した水利土功・瀬海新開等の事業を見る。山城近江大和伊賀河内和泉攝津紀伊等の国々を歴訪し、古今の農政を注意深く観察した。

四国讃岐の甘藷、阿波の藍（あい）作を巡覧し、伊豫を経て土佐、野中兼山氏の事蹟を探る。越後路を通り信濃へ出て、上高井郡須坂の東行社、俊明社、松代の六工社等の製糸場に到り、創業以来の経歴、なかんずく明治十四年以降の銀貨亂高下の惨状を恢復した現状を聞いた。小縣郡上鹽尻村で蚕卵紙の実況を視察し、上田町には擴榮社等の坐繰（ざぐり）扞場枠（かんじょうわく）所があるのでここに立寄り、東筑摩郡松本に出た。この路順には保福寺峠稲倉峠等峻阪があるので、洗馬駅より木曽路鳥居峠を越えて福島駅に至る。この地方は産馬の地方であるが、馬は骨格矮小であるので将来改良せねばならない。上松駅のある地域は木曽桧（ひのき）の産地である。妻籠駅より大平峠を越え下伊那郡飯田に出る。野口久保田諸氏の製糸場を見る。喬木村長谷川範七氏の製糸場では製糸改良に著名であるので観るべきものが多い。坐光寺村で関川の諸氏、上伊那郡赤穂町の太陽社、高遠町の明十社、木下町の小林氏、諏訪郡開明組、湖西組、白鶴組等の各製糸場を巡覧し、甲斐国に移り韮崎を経て山梨製糸場、ブドウ酒醸造場、農学校、矢島風間諸氏の製糸場を巡覧し、東山梨郡勝沼近傍のブドウ園を一見し、笹子峠を通って北都留郡猿橋駅に至り甲斐絹すなはち海気を調べ、南都留郡を経て再び甲府に帰り、穴山村八代駒雄、河原辺村小林七左衛門、中巨摩郡源村名取善十郎、玉幡村新海幸五郎、今諏訪村金丸平甫、御影村三枝七内、東八代郡一櫻村雨宮廣光、英村岩間審是、西八代郡渡邊信、西山梨郡千塚村尾澤孝治、南巨摩郡睦合村木内信春、甲府風間伊七、佐竹佐太郎及び勧業課員中田亮平の諸氏と同席し胸襟を開いて勧業談をしたことは永く記憶する。

　南巨摩郡西八代郡を経て鰍澤より富士川の急流を怪げなる川舟で下り、駿河国蒲原郡に着す。

次に北海道行きを記す。

北海道は初秋が最好の時候であるが、春冬は寒さ厳しく盛夏は蚊虻（かあぶ）が多い。原野は草深く、人烟疎れで道路は不便で困難を究めたと記している。

その苦労の一端を示すと、東京を出発して横浜から汽船で函館に達す。それより船を乗替へ根室に渡り、帰路は東海岸を陸行したが、人烟稀で道路は不便で困難を究めた。日々、駅亭では馬を雇うてこれに跨り、沿岸の細道を伝い、道が盡きたときは海浜の浪打際の砂上を通るのが当時（明治十五年頃）の東海岸通行の例であった。その不便は筆紙に盡し難い。今回陸地に深く侵入して勉めて実地の景況を探求したが、開闢往昔の現況を見る心地がした。

一日困難の最も甚しかったのは、根室を発し落石を経て浜中村に行く途上で、初田牛の駅亭で乗馬をたのんだが、亭の主人は承諾したのに何時まで待っても馬を出さない。頻りに促したところ、亭主は先刻馬を取りに行きましたので間もなく馬が来ますからと答える。不審に思ってどこに馬を取りに行ったのですかと尋ねると、甲の山谷へ行ったと云う。じゃあその谷に馬を放牧しているのかと聞けば、いやいや馬は平日野に放し飼いしているので随意に群をなしてここかしこで遊んでおる。甲谷に遊ぶことが多いがしかし甲谷に居ないこともある。その時は多分乙谷に居るだらうとの答であった。甲谷までの距離を聞いたらおよそ三里程とのこと。甲乙谷間は約二里。乙谷とこの駅亭までは三里（約十二キロメートル）と云うことであった。このように迂遠のことでいつまで待っても馬は来ない。日没近くになって、はるかに一馬に跨り一馬を追って驅りて来るものがあり、やっと馬を得た。

浜中村まではかなり距離があると聞いたけど、他に宿泊する所もないので馬に跨り出発する。丁度満月であったので月が明るい。一途に道を急いだ。満潮の時であったので行路を阻まれたので山野の小径をみつけて分け行ったが、小径があると思って馬首を向かせて行くがなかなか通れない。他に道が無いのでなかなか進めない。月光に透かして馬の口を執り、小笹の生茂った中を二、三百歩進むと不覚にも断崖よりすべり落ちた。馬はいないて崖上に立っている。崖を登って馬を捕えようとするが、素より野飼の馬であるから近づけば四、五歩を避けて草を食っておる。人が近づけば又四、五歩避けて草を食っておる。やっとの事で馬の平首にしがみついて抱き付き、漸く口を取って茨の中を迂回して辛くも浜中村に達した。馬は放せば日を経て自分が放牧されていた地に帰る慣であると云う。浜中村は東海岸中屈指の村で六、七十戸ありという。

筆者は交通史にうといので、この記録には驚いた。明治の始め、鉄道の通る前はまだ駅亭の制度があったらしい。出張は駅亭の馬を使ったさまが偲ばれる。

前出の各駅も鉄道の駅ではなく、馬を置いた駅舎であっただらう。魯一の旅は昔のことで難渋を極めたことだったろう。

駅伝又は駅制とは交通制度の一つの形態で、古くは前三世紀以前、中国の奏のころからあり、馬を用いる駅は漢代になって整備された。官使の往来、官文書の逓送が行われた。

日本では大化改新後、この制度が始められ、以後各時代に独自の発達を見た。全国の幹線道路に四〜五里の間隔で駅を設け、駅には駅馬を置き、官使の乗用にあてた。時代によって消長はあるが、江戸時代は中央集権の実があがり駅制の進歩は著しかった。普通、駅馬と共に馬子を依頼するのであるが、魯一はここでは單独で動いている。

翌朝馬に跨り旅籠屋を出て、昨夜通れなかった所を探るため懸岩の下に行って見ると、潮が引いて砂浜となっており自由に往来できた。厚岸（あっけし）、仙鳳趾（せんおうじ）、昆布森（こんぶもり）、大津、廣尾等に宿泊した。此距離の数十里間には数川ありて、渡船の無い川は汀を馬で乗渡る。厚岸は良港湾でやゝ市街の状をしており、大津は十勝川の川口で、近来人口も増えており漁業もあるので、その内ともに繁華な市街となるだろう。すなはち十勝の国は西北に山を負い南面が海。いわゆる沃野千里で將来開拓移住が進めば、北海道中もっとも優等の位置を占めるだらう。

廣尾から狙留（きるゝ）に至る。距離は六里であるが狙留山道ですこぶる険しい。狙留から幌泉（ほろいづみ）

に至る。距離は七里。また山道で峻阪を上下する。しかし海路では函館より汽船で数時間で達することが出来る。幌泉は湊という程ではないが、小船を繋泊する所で市街である。これより以西は札幌函館に達する街道はすでに人家が軒を連ねた市や村があって、北海道は無人の地という想像とは違う。

幌泉より様似の間は大峠が四ヶ所あって難路である。それより浦川に至る。ここは小さな港で少しばかり繁昌の市街である。二里程はなれた所に、この川に沿うて左右に神戸赤心社の開墾地がある。その策を聞いて、社員の忍耐に感激した。

静内郡下々方村は、往年稲田九郎兵衛氏（蜂須賀家の老臣）が家臣を率いて移住開墾し、藍作りをしている。

佐瑠太の川上には土人群が居住す。この地の土人は、源義経より賜わった種々の武器、杯を宝蔵している。

勇払を経て苫小牧駅に出て白老幌別等の各駅を経て室蘭に至る。苫小牧駅から右すれば札幌に。左すれば函館に通ずる大街道である。

室蘭郡長田村顯充氏に面会した。氏は伊達邦成氏の旧臣で紋別開墾の功労者である。氏とともに紋別の実地を見る。氏は将来これを守り育てることの困難を語った。

その説くところは、当初北海道に来たのは、色々と事情はあるだろうけど、要するに伊達氏血食の計画に外ならず、土人小屋のごとき仮小屋で雨露をしのぎ、十数年開拓に従事してやっと居宅を建て、ようやく人間らしい生活が出来るようになったが、段々と生活費も嵩み、農地に肥料もいるようになり、人手もかかるようになって、反別を減ぜなければ耕作できず、入植する人より出て行く人が多くなり、若い人は奢侈に流れやすく守成の難しいところであると。

道を転じて札幌に至り、琴似、山鼻等の屯田兵の農場に至る。その整頓している様に感じた。

石狩国にて、旧仙台藩の老臣片倉氏や、仙台伊達家の一門で旧岩手山館持の伊達氏の開拓地を訪れた後、幌向及樺戸の集治監を歴覧し、石狩国の原野も跋渉した。

樺戸集治監については前に書いたが、維新後の国治犯一五〇〇人が収監されていた。

石狩国は石狩川の運輸があって便利ではあるが、ぬかるみ、湿気の多い地が多く、すぐに開墾できない地が多い。今まで開墾したところを見ても、丘隆地で密林を伐採し焼却して開墾した所が多い。

小樽港は石狩国の港で、北海道第二の繁昌する商業地である。小樽を根基として札幌々向への鉄道がある。

小樽より西海岸を経て函館へ戻り、七重の開拓地やユーラップ徳川家（旧尾州藩主）の開拓地等を巡覧して各々の功績に感じ、函館港より汽船に乗って帰国した。

北海道の開拓について深く考按するに、遠くは徳川大樹文恭公に建議して、蝦夷地開拓に力をつくした幕臣近藤守重氏の策。又は開拓使の成績を考察し、深く感ずるところがあったので、自分の見解を筆して其筋に開陳した。

一つ、石狩国に大排水路を開削し、その土を堤防兼道路として運輸交通と土地乾燥を図り、永遠の大計画をなすこと。

二つ、東海岸に道路を開削貫通して運輸交通に便を与えること。

三つ、海運を保護して、移住者をたすけること。

各地方の情況を視察するごとに、農事の改良と殖産の計画をせねばならないと思い、我国だけが獨り桃源に眠りを貪（むさぼ）ることは出来ないと、海外の実況を見れば得るところが多いであらうと先ずアジア諸国を先に、香港（ホンコン）を経て、馬尼剌（マニラ）、呂宋（ルソン）国、暹羅（シャムロ）、安南（アンナン）、爪哇（ジャワ）、東埔寨（カンボチャ）、支那（シナ）、朝鮮を経歴しようと思い、殊に爪哇（ジャワ）の米、印度（インド）の茶、米、綿、呂宋（ルソン）国の煙草等の現状を実際に見て、将来の貿易上の参考にしようと思ったが実現出来なかった。

その後、西欧の農事開発にふれ、欧米の王公貴紳、在野の営業家までも奇策を用いる者を聞かないが、果して奇策を用いて営業上の隆盛をなし、或は人気を鼓舞した例は無いかと見るに、欧米で最も奇効を奏し人心に投ずるものは懸賞である。そこで農事の改良に、牧畜の育養に、これを改良しこの点の研究を要する場合には懸賞を以てした。一八〇〇年始めに仏国と英国が交戦した時、欧州大陸では砂糖の輸入が出来なくなり、那勃烈翁(ナポレヲン)帝第一世は甜菜製糖(だいこんさとう)を奨励して十数萬金の懸賞を出した。又綿羊改良にも多額の懸賞をして奇効を収めた。匈牙利(ハンガリー)国では馬種改良株式会社に政府の保護を与へ、富講の解説の特権を許し、この会社に馬種改良の義務を負わした。北米合衆国のゼフヘルソン大統領は、一八〇八年同国の共進会で犁(すき)の使用競争に自からも犁を執って競争し、又自分で発明した犁を出品した。殊にルー井(ルイ)十四世王は、諸学術中農業の事情を王に具申すべき人には王は親しく接して、親しく聞くは王の義務なりと云った。白耳義(ベルジック)国では一八四七年から農工業者に褒章を下賜する制度が行われた。

　我国でも古くは皇室が農業を保護し奨励した。その事績は歴史上明らかであるが、しかし中古以降はことごとに権門勢家の争に動揺され、農民は兵馬の間をうごめいて僅かに生命をつなぐに過ぎなかった。智力勇力あるものはことごとく武門に身を立てた。元和より明治維新に至る二百数十年間は、昇平の日にして農業の進歩著しかるべき時代であるが、元来武門専権の世いわゆる封建時代で、領主地頭は封内の民を自家の小作農業者とみなして、時に奨励保護することもあるが同時に甚しい検束を加え智識発達の途を塞ぎ、農業進歩は明君賢宰の有無で決すると云わなければならなかった。

以上、魯一は現在の補助金の思いがあって書いたものと考える。

降りて明治維新となり、今上の聖明をもって百度拡張し、ようやく欧洲の文物を採用し、なかんずく地券を発して人民に土地の所有権を与へ、地租を改正して税の偏軽偏重の幣を去って公平を保ち、国民が国に盡し自家の経営に力を伸ばす新天地を作り出したものである。

しかし依然として旧天地の人民たらんとするものも多く、封建武士の世禄を離れたものの如きは、一時に賜わりたる金禄を以て恒産を需むるに汲々たるあまり、不慣な事業に手を出すものも多く、明治十年西南の役があってから紙幣の下落は物価の騰貴（とうき）を来し、米一石の価値は十円の上に昇り、そのため地価は非常に騰貴し一時農家の潤沢は非常に好景気で、殆んど狂するが如きまで活溌の現状を呈したが、漸く紙幣の複本位とともに米価も下落し、遂に一石の価値は五円以下に降り四円五、六十銭までも沈み、以来地価も下落し国民経済が沈淪（ちんりん）し、士民挙げて困窮した。

その原因は種々あるが、その著しいのは左の七つにある。

一、明治十年以降米価の騰貴にともない、一家の経済が拡張してにわかに往年の平に復さないこと。

二、米価の騰貴に乗じて不急の土木を起し、あるいは衣服什器を購入して負債を作り、米価下落にあって弁済出来なくなる。

三、土地を競って買って、米価下落で土地の価値が下り負債の返済が出来なくなる。

四、贅沢が度を超えて一家の経済を紊（みだ）す。

五、税金の負担は決して減らないのに、これに応ずる生産力が乏しいこと。
六、開明の皮相にはしり、着実の事業をうとんずること。
七、浮薄に流れ、徳義を失い信據地を払い金融閉塞せしこと。

以上のようであるならばこの困厄を排除し風儀を改めなければならない。百般の事業の基本は共同奮勉の志をもって徳義と信據を重んじなければならず、そうでなければ決して目的を遂ることは出来ない。

農業においては、先ず近隣相助くる法を説いている。先づ隣保相助くるの組合を定める必要がある。隣保相助くる組合は、旧幕府の五人組の制度があって、家押しで五戸を合して風紀上の事やその他を連帯して責任を負わした。この制度は宗門上の検束に関するものが多く、幕府の末路では名目上のものとなって、実用をなさないに近かった。

この隣保相助くるの法を、民間同志者の組合とし実益を挙ぐる方法で利用するのはどうか。村内は勿論、近村の誰彼を問わず疾病事故のため根付が出来ず、手入れおくれとなるのを直ちに加勢して困厄を救う方策とすれば助かるではないかと、相互扶助を説いている。

そもそも田舎には、昔から農業には結(ゆい)(田植などの時に、互いに力を貸すこと。『広辞苑』)という組織があって、有効に作用していたが、現在農業が機械化され企業化されるとまったく見られなくなった。

また戦時中から続く隣保班も趣旨は同列である。

世の文明の赴くにしたがい百般の事皆保険があり、火災に海上運輸に生命にそれぞれ保険があるが、農業上の保険はない。泰西諸国では農業上にも保険があり、不測の災に罹る不幸を免かれしむるは、一種の保険法がなければならないとして保険の必要を説いている。

研究者の間では、魯一の意見の中で、農業保険が画期的との御指摘があるようだが、まことにその通りだが、さらに全国の農業者に直接会って意見を聞き、現地を見て、農政を誤りのない方向で組立てていった努力は見落してはならない。魯一は山陰地方に足を伸ばせなかったことを最後まで残念がっている。

新聞によると、平成二十八年に、収穫後の米、麦、大豆についても保険の適用ができるようになったとの報道があり、農業保険は現在も時代と共に進化をしている。

租税の負担については、私人としては軽い方が良いが、国税地方税は制度に随って負担する国民の義務であるから、国会で議論する以外は嘴(くちばし)を入れるべきものではないが、租税の負担感を軽くするよう勉めるべきである。そのためには各自の方案をもって考究するしかない。そこで田圃の一区毎に、一本や二本の果樹や櫨漆(はぜうるし)等の樹木を植えてその収入を租税の備(そな)えにしてはどうか。

現在の計理では、納税準備金として積立準備をするのが普通である。租税は当然軽いに越したことはなく、民衆が富むことが国の力であって、国権で取り上げてしまうような政治は慎まなければならない。

我国の農業上の欠点は、農学の開けないことである。世を挙げて文学に、法学に傾き、ともすれば我家の営業を卑しみ、いたずらに高尚にはしり、実業を勉むる者は稀である。いわんや農業に従事する者は無学の徒で、何年経っても進歩が無い。そこで大いに農業を勉める風儀を興そうと考え、小学校の教科に農業の一科を加えてはどうか。さらに将来農業を修むる階梯を作り、特殊のものは給費生徒として農業実地学校に入学させる方法を設けるなど農学の風を興し、地方の農業を進歩させたい。

現在の制度として、農業高等学校や県立の農業大学校が設置されている。

又勤勉貯蓄は萬業成就の母であることを確信し、農業経済を簿記的に記録し統計的に検討すべきである。

凶荒備蓄は旧来の手段に慣って備蓄すること。なお手段の一つとして、牛羊飼育を奨励する。さらに馬の蓄息も提案する。

山林については、共同の村山の管理や、共有の秣場の運営に意をそそぎ、開墾や林地の造成を行ない、人造の山林は輪伐法を採用する。

又、少壮にして充分の洋学をなさざるは、いわゆる半身不随の病者のような者で、洋語の如きは、己れの意を通じ他と言語を交ゆることあたわざるを以て、人の講ずるところでも、反訳書についてこれを見るも隔靴掻痒（かっかそうよう）の感多く、いわんや言語を通弁に依頼しても、自から読み自から談ぜざるは人間の自由を得ざるものなりと喝破する。

魯一はフランス語を修得して、ヨーロッパ北米の農政を調査研究したのであるが、そのフランス語はいつどこで勉強したのか、今のところ全くわからない。維新後郷里で四日市の赤心隊に入り、フランス式の訓練を受けたが、その時には大きな声でフランス語で号令を掛けたであらう事は推測される。しかし、それ以後フランス語を学んだことはまったく摑めていない。一人でコツコツと学んでいたのではなからうか。『農業振興策　附録』八十六頁（後藤精之介伝）に、「仏文を解し仏語を談話するに（語調の充分ならざるにもせよ）少しも差支なし……」とあるところから、ほゞ推測できる。

附録、久阪耐三伝

久阪耐三は齋家治国の人なりとして、欧米諸洲を遊歴し、学業を磨き実地の情況を探究せんとした事績を記す。

谷農商務大臣の欧米の農業事情視察に随行した魯一の調査旅行が下敷となっている。これも小説の形を借りた魯一の実績である。

文書にしたがえば、東京から横浜に出て、佛蘭西郵便船に乗組み、香港（ホンコン）、柴棍（サイゴン）、新嘉坡（シンガポール）、コロンボウ、亜丁（アデン）の各港を経て蘇西（スエス）の堀割（カナール）を過ぎ地中海を渉り、海上つつがなく三十八日間で佛蘭西（フランス）の馬耳塞（マルセイユ）港に着いた。それから急行の汽車に乗って十五時間で巴里府（パリ）に着いた。伝え聞いていたように巴里府は世界第一の繁華な大都府で、思っていた以上に豪奢であった。

その後、西欧の農事開発の情況を開示する。その一部を紹介する。

白耳義（ベルギー）国のビンボルト果樹学校で、校長ギルケン氏から各種の実物について得失の説明を受けた。経験のない学理は、実際は違っている場合があるとの警告を受けた。ガン花園学園では、この地方は欧洲で著名な花卉を作る地として、売捌は英仏独墺等へ輸出する由。

比律悉（ブリュクセル）府獣医大学校ならびに植物園では、肥料や種子の農業試験圃を見聞した。農業の上進には肥料や種子物の分析が必要である。

農家の組織と景状を知るために、大中小農の農家について景状を見聞した。なかんずく農業経済について、もっとも注意して見た。

農業巡回教師ヤズール氏の場合は、農学士で農業に熱心な人で家は富み、その耕地は一万二〇〇〇エクタール（一エクタールは一町二十五歩）を所有する。そして巡回教師の職を盡している。

農業監督官カルチュ井ブル氏は富豪で学識名望をそなえ、甜菜糖の大製造場を持ち、自分の領地で甜菜を耕作する大農業家である。氏の経験談として、農政は実地に適する施行でないとだめであると実例を示された。

リエージ府の経済学博士ラブレー先生を訪い、経済上平素疑問に思っておる点を質問して教えを受けた。

ツール子ー駅にも果樹学校があって、同駅のシンゲル氏の案内で色々と見聞することが出来た。

和蘭国(ヲランダ)の境に接する瀕海締切開拓クナスト村のリンペン氏の新開地を視る。同氏の経験として築堤や塩気を抜く方法等を聞き、参考になった。

オランダのアンヴェルス港は欧陸の中心で隆盛である。将来貿易上の参考として見た。

佛国の巴里で政事学博士バービー氏に会った。氏は別れに臨み、国民の進度と政府の進度に甚だしい懸隔がないように注意すべきで、もし政事上の進度が国民の進度と懸隔して上進孤行すれば、その間民力が堪えられないので弊害が生じる。謹むべきである。しかし政府は国民の先導者であるので怠ってはならないと諭してくれた。

参事院議官兼農務局長チッスラン氏は、農政の要は施務の機関すなはち法律、監督、教育、奨励、資本融通の設けを具へ、各務に当る人を得るにありと、古来仏国の農政の歴史談に渉り懇切に教えてくれた。

チッスラン氏は、農務の局に当る人は、各地方について誘導、奨励、教育を行うのが最も重要であり、決して机上でなすべきでないと諭した。

仏国には農政上の機関として各種の会がある。農業高等会、家畜伝染病顧問会、獣医学校改良会、家畜籍会、農業試験所及び農業化学試験所顧問会、林制会、農業水利顧問会、牧場上等会、牧場名簿会。これは皆政府の諮問会である。その作用を探討した。

巴里のグリギヨン、グランジエーヲン、モンペリヱーの三農大学校とベルサユー園芸学校を歴覧し、十六ヶ所の農業実地学校、十九ヶ所の農業現業学校、その他農業関係の講義所、農業試験場等をまわってその得失を講究した。

セット港は地中海に沿った良港で、西班牙伊太利(イスパニヤイタリー)等のブドウ汁を輸入してブドウ酒を醸造する地で、従来不毛広漠な砂山であったが、新に工夫して開拓に成功した。今では葡萄樹を植えて大きな収利をあげている。

ボルドウ府近傍は著名な葡萄酒の産地である。当州の農会頭レヂース氏、副会頭クーペリー氏の誘導で葡萄栽培と醸造、貯蔵法を見聞できた。

ウール州エブローで農業共進会に出会い、親しくその実況を見ることができた。

仏国著明の都府里昂(リヨン)、馬耳塞(マルセイユ)、ツーロン、ボルドウ、ナント、アーブル、ツールーズ、ルーワン、ニース、カンヌ等の地に行って市況と農事の関係を見て、里昂(リヨン)は我が生糸販売の好得意先であるので、しばらく滞在してその実況を探討した。

瑞西国(スキス)に移り、ジュ子ーブ、チユリック、ペルヌツーン等は勿論、アルプス山辺の牧牛羊の実況を見聞し、瑞西国は袖時計、双眼鏡、絹織物等の工業が頗る盛んであるが、農業も牧牛が盛んで養蜂も盛んである。

伊太利は未蘭(ミラン)府に著名な貯金銀行があって農工業に貸付をしている。未蘭商法会議所副長ドベキ氏は盛大な製糸場を所有し、同氏の案内で同氏所有の製糸場や各地の製糸場を実地に見聞して得る所があった。又ロカテリー氏の周施で同地方の養蜂を見聞することが出来た。

鳥能府には養蚕博物館があって、養蚕業に係る学理発明経験研究の事物を陳列し、その解説も付している。その業の進歩をはかるには有用である。当地の商法会議所長ペルデチー氏、農業高等学校長グロシー氏、木綿器械織屋アブラテー氏、生糸組合委員ハヲロー氏等が懇篤に養蚕製糸その他農業上の見聞を得させてくれた。

墺地利（オーストリア）では各地方を巡歴した。なかんずく貴族スェワ井テンボルフ公は、土地七十萬モルゲン（一モルゲンは我国の二反五畝歩）を所有する。その内五十萬モルゲンは森林、二十萬モルゲンは耕地と宅地と雑地という。自家で経営する大農業であるが、我国の参考にはなり難い。

匈牙利（ハンガリー）国は牧畜農業で著名である。当国の馬匹は東洋産の馬を改良した部分が多いので我国の参考になる。養豚も盛んである。馬も豚も他国に輸出して収入がある。

日耳曼（ゼルマン）聯邦の索遜（サクソン）王国は、農工業の上進あり、普魯西（プロイス）王国は布利特隣（フリーテリー）大王が大に農政に力を入れておる。

漢堡（ハンブルク）港は欧陸一、二の大港である。将来、我が米穀其他の販路を考え、色々と実況を見聞した。

陸参堡（リクサンブルク）国は、和蘭王の兼主である侯国である。農業上に最も力を用い、成績が著しい。なかんずく土地改良は現在専ら施行中である。農務の長エンツペイレー氏は懇篤に数ヶ所の実地を見せてくれて、施行の方法、並びにその利害得失、又は人民の向背誘導奨励の手続まで詳らかに説明してくれた。その他農業上篤志の人達に親しく接し得ることが多かった。

荷蘭陀（ヲランダ）は牧牛が著名である。オランダの土地は海よりも低く、河床は堤塘を以て盛り、一日排水を怠れば国をあげて水郷になってしまう。この土地を乾かして農牧の利を収め、その富は欧陸最一位に居る。かつて東洋貿易で資本の蓄積をしたと云うも、国民は勤勉で節倹で農牧に力を盡す結果である。全国の農会頭ボードウ井ン氏は奮勉で素手より興って一大財産家となった。排水も汽力で行い、ハルヒベーグと云うところを肥沃の土地にかえた。ボードウ井ン氏が力を盡して各方面の農事を見聞する便宜を与えてくれ、種々の忠告をしてくれた。なかんずく動物の改良は、同種改良が得策であるとその理由をこんこんと教えてくれた。

その後英国に渡り、米国を経て帰国した。

谷農商務大臣の一行は、近代農政を作るための基礎調査を真剣に行った。
耕地区画整理については大いに関心を示した。明治二十七年に私費で無料配布した「耕地区画改良方按」で魯一は次のように述べている。

「欧州に至り、命を奉じて、白耳義国農政及農業上の取調に従事の際、同国の農務局長ゼ・ベルナール氏最も懇篤に、尤も深切に百事取調の便を与たり、取調了するの日、欧州大陸中にて耕地改良を実施しつつある地方はなきやと問ひしに、二ヶ所ありと答へたり。其一は仏国の南方地中海の沿岸に酷塩を含む古来不毛の広漠地を開拓し、其塩分を抜きて葡萄園となす事業なり。其一は和蘭王を戴きて国を立て居る日耳曼(ゼルマン)の一小邦リクサンブルク国の耕地区画改良の事業なりと。故に余は二ヶ所倶に実地を視察せしに、仏国のカマルクに於る事業は、其結構広大、実に人目を驚かす程偉大の事業なれども、我国に之を参考として施すの場合なければ去り、リクサンブルクに至れり。同国は我国と締約国にも非ざれども、内閣員始め篤く歓待あり。当局者、農務局長兼農業監督官、農業工事技師イ・エンスウュール氏に取調の便宜を与ふべしと命ぜられたり。爾来、同氏は数日間、各地の実施地に余を誘引し、或は書類、図画又は器械を示し（帰国の後も余の注文せし器械を代価を要せずして贈与せる等）、懇到究れり。畢竟、著名の農事功労者たる白耳義国農務局長ゼ・ベルナール氏の添書在りしと、イ・エンスウュール氏の厚意に依らずんば非らず。却説、余はリクサンブルクの事業を実見してより、大に心に得る所在り。即ち区画改良に規模の備わりたるは勿論、特に記臆すべきは区画改良の事業中に用水、排水、耕作路の改良及星散地交換のことを含みたること是なり。且、評価人等の法も備はれり。元来、諸国にては国家の事として政府自ら之を奨励監督せり。故に当初、国会にて之を議するに三ヶ年を経、其間種々の疑問、種々の反対在りしも、遂に能く国是となりて一般に実施することとなりしと云ふ。」

さらに魯一は、

「わたしは明治八年、初めて政府に奉職した。それ以前、郷里の豊前にいたとき、見聞、体験は、いまだその地方にとどまっていたが、農業の実際、農家の情態を如実に知ったのはこの時期であって、その当時の耕地の形状は円(まる)あり、四角あり、また大きさも大きいものあり、小さいものあり、大変に錯雑して、農作業をする上に万事不便であることを深く感じていた。そこで多少力を尽くして、耕地の区画を改めたことがあった。方言で、これを畝町倒(せまちだお)しと言っていた。この事業は、元来小面積であっても農業経済に利益をもたらすことが著しかった。古くからこれを行うことは固く禁じられていた位であるから、その計画は小面積で、かつ規模もまた見るに足らないものであった。

その後、公務で地租改正に従事し、多くの耕地を測量してからは、ますます耕地区画改良の重要性を深く考えさせられた。次いで二、三の県庁（愛知、秋田、宮城の各県）に奉職し、勧業の事務を担当するにつけ、耕地区画改良に対する諸般の事情に関する配慮がいよいよ深まって行った。さらに地方の県庁から中央政府の勧業局に奉職した。引き続いて明治十四年、農商務省が創設されて以来、同省に十年間奉職した。その間に、明治十九年から二十年六月まで、谷農商務大臣の欧米巡回に随行を命ぜられ、欧州において、ルクセンブルクの耕地区画改良の実情を見聞し、これを日本に適用しようと考え、考按をめぐらし、普及、奨励に力を尽くした。」

と述べている。

■前田正名との関係については

樋田魯一は、明治十三年三月十日、内務省三等属、勧業局専務取扱、翌十四年、安積疎水掛兼務。明治十四年、農商務省が創設されるに及んで、農商務二等属、同十六年、庶務課長、同十七年、農商務権少書記官、正七位に叙せられた。同十八年、第二課勤務、書記局事務取扱。四月二日、樋田は第二課一部および同三部兼務を命ぜられた。さらに樋田は第二課二部勤務を命ぜられた。四月十八日、前田正名大書記官の出張、不在中の第四課代理を仰せつけられた。

前田正名は十八年一月三十一日、第二、第三、第四課に勤務を、四月二日、第二課一部および同三部兼務を命ぜられた。この頃から前田正名と樋田魯一との関係は深まっていった。

前田は当時、明治十七年一月以来、松方デフレ後の長期策として考えていた『興業意見』の編纂に心血を注いでいた。同十八年五月三十日、「済急趣意書」を作成、農商務省から布達した。前田は勤労、貯蓄を旨とした「済急趣意書」を松方デフレ後の短期政策として地方産業振興対策として考えていた。局長、書記官らが、その趣旨を徹底させるために、全国八農区を分担して巡回した。前田は七月一日からみずから、東海、北陸農区の巡回を開始した。一方、樋田は五月二十八日から關東農区を、また十月二十三日から東海農区中の山梨、三重の両県下を巡回した。

前田は十八年十二月三十一日、農商務書記官の非職を命ぜられ、兼官の大蔵大書記官も免ぜられた。樋田魯一は農商務大臣谷干城が欧米へ派遣されるに及んで、その随行を仰せつけられた。同年、農商務書記官（三月六日）、農商務参事官（九月二日）に任命された。明治二十年六月二十三日、欧米巡回から帰国した。

越えて、明治二十二年、樋田は非職（一月二十六日）を命ぜられ、六月二十五日復職したが、翌二十三年六月二十一日に再び非職を命ぜられた。

これより先、五月三十日に農商務次官前田正名が農商務省を辞任した。それは農商務省から前田正名一派が一掃された一連の有名な事件であった。

（須々田黎吉編著『樋田魯一と耕地整理』日本経済評論社　抄録）


国内の農業及び経済の景況実地巡視を、前田正名と打合わせ、手分けして廻った地方は、『農業振興策』（附録）によれば、先づ東海道より始め伊勢路を指して旅行して、江州路水口より伊賀の上野を経て伊勢の亀山を通り追分に出る。

■農園をめぐった事績を列記すれば
朝明郡宝山村故伊藤小左衛門氏の養蚕製糸と茶園の業を継ぐ御子孫に会った。

奄藝郡椋本村駒田作五郎氏の茶業。

松坂駅の近く飯高郡上出江村下出江村、飯野郡松名村は農業に精励で家々は富み栄えておると聞き、行って老農に話を聞いた。

神社港から汽船で四日市へ戻り、桑名を経て尾州に移った。名古屋を経て知多郡に出る。

知多郡小菅谷村盛田久兵衛氏のブドウ園。

三河国碧海郡の明治用水を巡覧し、その事業に従事した岡崎町の伊豫田與八郎氏始め諸氏の功労を感じ。

北設楽郡稲橋村の古橋輝貞氏と令息源六郎氏から農業山林牧畜等の意見を聞いた。

大野瀬村の小木曾一家氏。農事。

長上郡安間村の金原明善氏。治水。

気賀林氏の茶圃、百里園。社山の疏水。金谷ヶ原の開墾。掛川の農学舎。

佐野郡倉眞村の岡田良一郎氏。農事。

城東郡池新田村の丸尾文六氏。農事開墾。

駿遠は茶産の多い国である。各茶園。

愛鷲山の共同牧場。

伊豆の国。故柏木韮山県令が盡力した牧牛場と有志者の盡力により築立された用水溜池。

相模国箱根湯本の福住正兄氏。

小田原近郷の興復社。事業の始終を問う。

横浜にては、内外商人や各国領事に面会して、商業上の関係ある農産物の製造荷造その他の得失を聞き、他日の参考とした。

東京では、農商務省に出て農務局長や他の人々と会い、駒場農林学校、日本農会、山林会、水産会、茶業本部、貿易協会、東京商工会、三田農具製作所、育種店等につき見聞或は質疑を経た後、
府下荏原郡上北澤村の鈴木久太夫氏。沼田改良、種子物。

房州より上総地方の概況を見。峯岡の牧場を見る。

下總佐倉の茶園、七重三里塚の種畜場、小金ヶ原の開墾地を巡覧。

常陸に移り、常磐神社に設けられた蓄稗して凶荒に備ふる社倉を見聞。

久慈郡は烟草（たばこ）及び蒟蒻（こんにゃく）が名産であるので、それを見る。

太田町より相馬に至り、富田高慶氏。旧相馬藩興復法施行の成蹟及び方法を書いた報徳記の高説とその実蹟巡覧。

仙台に出て陸前国諸郡を粗巡覧し、栗原郡文字村の千葉胤昌氏。

牡鹿郡門脇村井上吉兵衛氏。

陸中の国を経て陸奥国に出て廣澤安任氏。開墾牧畜。氏の十数年間の刻苦経営の事業を見る。

三本木原に疏水を通して開墾を企てた故人旧南部藩士新渡戸傅氏の嫡男十次郎氏。

秋田県南秋田郡山田村の石川理記之助氏。農事。

雄物川辺の歩桑川尻組の養蚕。秋成社の開墾。秋田社の養蚕。秋成社々長羽生氏、熟秋田社々長小泉吉太郎氏。実況見聞。

河辺郡仙北郡を経て院内峠を越え、羽前の国に出て、旧鶴ヶ岡藩士が従事した田川郡字松ヶ岡の開墾地。

堀尾重興氏の尽力になる米澤製糸場。

岩代国福島で製糸に力を尽された佐野理八氏。

伊達信夫安達の三郡及び安積郡の桑園養蚕製糸を見聞。

上猪苗代湖の疏水工事。

下野国河内郡石井村の大崎商社の養蚕及び製糸場。

宇都宮を経て芳賀郡物井横田東沼三村の故二宮翁の改革事蹟。

河内郡大室村の関根彌作氏。農業植樹。

今市の二宮翁の墓を拝す。

上野国緑野郡高山村の高山社。養蚕。

富岡の官設製糸所。所長速見堅曹氏と面会し場内一覧。

埼玉県兒玉郡兒玉町競進社々長木村九蔵氏。養蚕。

大里郡胄山村の根岸武香氏。林業。

入間郡小仙波村の高林健蔵氏。茶園及び製茶器械を見る。

大坂より汽船で豊後府内へ

豊後府内（現在の大分市）で蚕糸の業に熱心な小野惟一郎氏。

直入郡の煙草。速見、国東(くにさき)両郡の琉球藺（七島(しっとう)ラン）の景況を一覧し、
豊前宇佐郡に出て、前年に金屋村南一郎平氏、西大堀村豊田一郎氏、蜷木(になぎ)村蜷木八衛諸氏の尽力した廣瀬井手用水の実地を巡覧。

下毛郡中津にて末廣会社の製糸所。

仲津郡豊津の錦原の開墾地。

企救(きく)郡々長津田維寧氏。農事。

田川郡の熊谷直侯氏。勧業上の注意や凶荒の備え等を実見。

筑前国早良郡重富村の林遠里氏。

筑後の国より肥後菊池郡を経て熊本に至り、熊本で陸軍馬医官田中種光氏の尽力による獣医学校。

上益城郡上島村の石坂禎三氏。

宇土郡八代郡の海岸新田を見る。木島葉川の萩原堤を見る。

魯一は広く国内を巡り、水利用水、開墾、養蚕、製糸、茶園、製茶、果樹、植林、干拓等を精力的に見聞し、地元の意見をこまめに聞いた。

農商務省における前田派の排斥

古くは、菅原道真が藤原時平に落しいれられた話は有名である。田舎者の出世主義者が今でも使う手で、有能な役人がこの手で排斥され、天神様となる。

事実関係については、もう少し深い研究が必要と思うが、分かっただけの資料では、次の通り。

■前田正名
明治十八年十二月三十一日。農商務書記官非職。兼官の大蔵大書記官も免ぜられる。

この時は、谷干城が農商務大臣で秘書官が柴四郎の時代であったので、問題のない單なる非職と思える。

続いて、
明治二十二年。農商務省工務局長。
五月。農務局長兼任。

明治二十三年一月から、農商務次官。

五月三十日。農商務省を辞任。

■樋田魯一
明治二十二年一月二十六日。非職。

六月二十五日。復職。

明治二十三年六月二十一日。非職。


『原敬日記』から見ると、震源は原敬のようだが、当時農商務大臣は陸奥宗光（明治二十三年五月十七日就任）で、秘書官は原敬であった。

前田辞任後に宮島信吉、樋田魯一等の前田派が非職を命ぜられ追放された事情が『高橋是清自伝』にも書かれていると云う。かなり有名な話であったらしい。

当時、前田・樋田等は農商工臨時調査に着手しており、明治二十三年一月からは全国各府県の農事調査に着手していた。

その後の樋田魯一の活動について

明治二十二年
一月二十六日。非職を命ず。
六月二十五日。復職を命ず。
七月十八日。三重県下へ出張を命ず。
十月五日。東京市区改正委員を命ず。
十月三十一日。農務局兼務を命ず。
十二月二十八日。静岡県下へ出張を命ず。

明治二十三年
二月十五日。陞叙(しょうじょ)奏任官三等。

上級俸下賜。

三月十一日。神奈川県へ出張を命ず。

三月十二日。長野県へ出張を命ず。

三月十九日。臨時取調委員を命ず。

四月二日。神戸へ出張を命ず。

六月二十一日。非職を命ず。

七月一日。東京市区改正委員を免ず。

九月二十九日。神奈川県立多摩郡農工品評会審査長（大日本農会——取調者、以下同じ）。

明治二十五年
九月十九日。仙台市農産品評会開設審査委員長。

明治二十六年
八月二十三日。富山支会大集会臨席委嘱。

十月八日。棉作事業視察のため大阪他二県に出張。

明治二十七年
十一月二十、二十三日。埼玉県川越町に於て、帝国農家一致結合埼玉県第一分団秋期大会開設に付、同会へ臨席を嘱托す。

十一月二十八日。全国農事大会委員を委嘱す。

十一月。全国蚕糸大会委員委嘱。

十二月十七日。本会臨時調査委員を委嘱す。

大日本農会紅白綬有功章授与。

明治二十八年
一月十五日。安房北条町農事大会出張講話。

二月十二日。農事大会（静岡県）出張講話。

三月三十日。全国各実業大会顧問を嘱託す。

明治二十九年
三月。全国農事会中央本部幹事嘱託。
明治三十年
一月十八日。帝国農家一致協会の訓練使を命ず。
　耕地区画改良方按発行。
明治三十一年
四月二十一日。埼玉県農会総集会参会。
七月一日。大日本美徳会名誉会員。
八月二十六日。帝国徴兵保険株式会社監督委嘱。
明治三十二年
三月三日。千葉県印旛郡農会総集会へ出張。
五月十八日。品評会褒賞授与出張。
十月一日。帝国徴兵保険株式会社相談役嘱托。

耕地区画改良大成同盟会報発行。

明治三十三年

二月十日。香取支会総会開会講話委嘱。

十二月十日。日本農民会、参議会議長。大分県農会長。

明治三十四年

四月十三日。大日本農会常置議員当選。

明治三十五年

十一月十七日。全国農事会顧問推薦。

明治三十六年

大分県農会長辞任。

明治三十八年

大日本農会紫白綬有功章授与。

明治三十九年
五月十五日。本会庶務部長（凱施記念五二共進会――取調者）。
　常任理事（同右）。
　会計部長（同右）。
九月七日。懸賞部々長（同右）。
十二月二十三日。残務取扱を命ず（同右）。
明治四十年
六月二十二日。大日本農会農芸委員を委嘱す。
明治四十四年
四月十五日。同仁会常議委員嘱托。
　印旛手賀両沼開拓事業計画。
大正四年
三月三十日。神奈川県橘樹郡鶴見村総持寺に於て死去。

（「農災史料　第十六号」昭和三十五年七月『農業振興策』樋田魯一　農林経済局農業災害補償制度史編纂室の編集年表より抜萃）

農商務省を退職した前田正名と樋田魯一等は大日本農会で仕事をすることになる。明治二十六年十一月、前田正名は大日本農会第五代幹事長に選任され、同二十七年十二月に同会始まって以来の全国農事大会を開催することになった。明治二十七年十二月一日、東京芝公園弥生会館において、大日本農会主催の第一回全国農事大会が開催された。

それから三ヶ月後の明治二十八年二月二十八日。大日本農会の常置委員会は、全国農事大会の関係について、全国農事大会は、先に前田正名幹事長の発議で大日本農会として開催したが、今般さらに幹事長の発議により、今後は大日本農会主催とせず、全国農事大会に一任すること、大日本農会は今後全国農事大会とは関係ないことを広告すること、大日本農会は全国農事大会に代表者を出席させないこと、四月開催の京都の全国農事大会へ、大日本農会は金三百円を寄附すること、を決議した。

前田正名等の農政運動に対し、学者の指摘もあるように、農商務省の執拗な怨念を感じる。全国農事大会の分離は、わが国農政史上有名な出来事であったと指摘されている。

当時、分裂派の前田正名、樋田魯一、池田謙蔵、玉利喜造、横井時敬、押川則吉は、皆まだ若く、一途(いちず)に活躍した。

陸奥宗光は、明治二十五年（一八九二）三月農商務大臣を辞任。同年八月には第二次伊藤博文内閣の外務大臣に就任。

原敬も外務省に勤務した。

全国農事大会の運動

明治二十七年十二月一日に開催された第一回全国農事大会は、政治上、経済上、農業経営上、農業技術上の多岐にわたり、農家の経済を豊にして国力を増強することを目的とした活動であった。

明治二十八年第二回全国農事大会では、「耕地区画改良を普及せしむべき方法」の提起があり、「耕地区画改良を行ふに当り土地所有権者の折合悪しき時の制裁法」の制定を政府に建義することを決議。

明治二十九年第三回全国農事大会。

同年一月十五日、前大会で決議した「耕地区画改良の儀に付建議書」の大蔵大臣渡辺國武および農商務大臣榎本武揚に全国農事大会会長前田正名で提出。

施業すべき域内耕地所有中、少数の不同意者ある場合の法的措置の要請である。

明治三十年一月。第四回農事大会の相談会において、前回に会長名で大蔵・農商務の両大臣に耕地区画整理法の要請をしてあるが、今回は耕地区画改良を実施する際に少数異論者を制裁すべき法律の制定を、実業各団体中央本部と調査委員が政府ならびに貴衆両院議員に働きかけるよう、決議した。

これは第四回大会の会期中に皇太后陛下の大患の悲報に接し、同大会の無期休会を決議したため、相談会に切り換えた。そこで相談会の結果である。

明治三十二年三月二十日。耕地整理法が公布され、不同意者への対応は実現されたが、掛水及び灌漑に関することは明治三十八年（一九〇五）の改正を待たねばならなかった。


樋田魯一と前田正名はよく気が合った。研究者の人物評では、樋田魯一は志士的な理想家で、高邁な理想を標榜する団体の指導的地位に就くと同時に、耕地区画改良の立法化運動に挺身するという現実的な実現に奔走する誠実な人であった。前田正名とは極めて共通の資質の人で、よく似た性格であったと述べている。

樋田魯一は前田正名の信頼が厚かった。

明治二十六年十一月。前田正名は大日本農会第五代幹事長に選任された。同二十七年十二月に同会始まって以来の全国農事大会を開催することになった。この大会に備えて、同年七月から大日本農会の会員拡張と農家の利益増進を目的として、大日本農会の最高幹部の参事四名と大日本農会創設以来同会の発展に貢献した幹事樋田魯一を各地に巡回させた。

樋田は前田幹事長の代理として、大日本農会拡張のための巡回講演を京都、奈良、和歌山の一府二県で行なった。その講演で樋田魯一は、先づ今に至って大日本農会が耕耘、培養、選種等のことにのみかまけておるのは、時勢において許されないから、この際主として農業の組織、経済等について力を尽す考えであることを強調し、今日ようやくその時が来たので、進んでその任に当たることを明らかにした後、日本農業の基盤が弱いので組織を一変せねばならないと説いて大日本農会拡張策を論じた。

又樋田魯一はこう云うふうにも書いている。

多くの事を企画して成らないより、一つの事でも成就して効を奏する心掛けが必要で、大いに耕地区画改良のことに力をそそぐことを期したいと。

樋田魯一の想（おもい）は、耕地区画改良はわが国の耕地、耕作路、用排水路が耕作に不利不便であるため、これを單に解消するばかりでなく、それを通じて農産物の国際競争に打勝つための農業経済上の基礎を確立するものであるとの認識にもとづくものであった。

又、農事改革については、大日本農会の従来の在り方を抜本的に批判し、国際的見地から日本農業および農家経済の将来にかかわる問題に思いをめぐらし、農業上の国是を明確に持っていた。

前田正名を百科事典風に書けば、こうである。


嘉永三年（一八五〇）三月十二日。薩摩国鹿児島に生れる。

藍綬褒章、男爵。

元老院議官、貴族院勅選議員、第七代山梨県知事。

明治期日本の官僚、内務省勧農局出仕、農商務省部長、次官。大蔵省大書記官。

明治の始めにフランス留学。明治政府の殖産興業政策の立案と実践をした中心人物である。

若い時、薩長同盟の密使に加わり、坂本龍馬から短刀を貰ったという話がある。

没年大正十年（一九二一）八月十一日。七十一歳。

樋田魯一は、日本の農業を確固なものにするには、先づ耕地の区画から改良しなければならないと痛感していた。耕地の広さ、形、耕作路、用水排水溝と農作業の機械化を急がねばならない。

欧米巡回から帰国したその年に、樋田魯一は「本邦の農作を論ず」として演説を行い、このことについて述べている。

又『耕地区画改良方按』を三度にわたって自費で出版し、希望者に無料で配布するやら、講演会や実地指導の希望があれば、手弁当で飛び回った。

樋田魯一は農業だけに固執していた訳ではない。明治三十年代にすでにこういうことを云っている。すなはち国勢の全体を見れば、労力の配分は工業の発達に応じて、農業の労力から割いて行かねばならないだらう。その事は欧米の実体に照らしても云える。ともかく農業の労力を割いて工業に移る経過は、もっとも分かり易いが、さらには労賃の騰貴を招く結果となり、農業は労力を省かねばならなくなる。そこで急いで耕地の改革を実施する外手段はないと。当時から百二十年たった今日の現状をすでに云いあてていた。

戰後にユンボという建設機械が田圃の中に突っ立って、動きまわって耕地改革をしている風景が思い出される。樋田魯一が明治に熱心に提唱した農地区画整理が、百年経過して田舎のそこここで行われるようになった。多分これは耕耘が大型農機のトラクターの普及と関係あるものと思う。今はもうこの付近では見られなくなったが、なつかしい風景であった。だいたい一枚の田圃が三反歩（三十アール）、時には大きな田で一町歩（一ヘクタール）の広さで、原則長方形で、日照の関係で南北に長くなっている。田圃にトラクターがはいるようになってから次は田植機、コンバイン（稲刈機）と大型農業機械が次々とはいるようになって稲作の形が変ってきた。

戰前、私の父は全販連（全国農業購買販売連合会）門司支店に勤めていた。家に居る時はむつかしい雑誌を見たりよく勉強していた。まだ小さい私に「英司、米は地球の特定の地域でしか出来ないが、麦は世界中で年中取れているぞ、小麦の価格は米の価格に比べて年中安定している。今に日本も小麦のパン食になるだらうよ」と何度も云っていた。

支店長の黒岩さんと宮崎さんが遊びに寄ってこられた時、小さかった私が嬉しさのあまり玄関に走り出て「黒岩と宮崎か！」と云って、親からコッぴどく叱られたことを未だに覚えているから、たしか五歳の頃であった。

父は大分県庁に勤めを変えた。経済部に所属する産業組合課であった。父は樋田魯一の信奉者であった。農村の政治が主な仕事であったと思う。

で戦時中の話として、もう日米戦争が始まっていたから昭和十七年頃か。

朝地の軍需工場で、女子挺身隊員が鉢巻掛けで飛行機の落下傘を作っているので、農会も慰問に行かねばということになり。先づ父が責任者となって朝地に行き、農会の偉い人に会ってお話をお願いしたら、あゝ良いですよと云うことで、今さら常識的な事なので細目の打合せなしで帰って来た。

当日、会場の講堂に入ると、すでに女子挺身隊員が座っていた。会が始まり講師が段に立ち、やおら「吉四六さんが、」と云った。皆、え！　と思った。話の枕と思ったが永々と吉四六さんの話が続くことになる。

吉四六さんが本山参りをしたいと思っていたら、願いがかなって本山参りをすることになる。京へ上ったら、欲しい欲しいと思っていた黒繻子の手ざわりの滑らかな帯を、後生ものとして一本買いたいなと思っていた。

――少し短めから長めの物までございますが――

――いやいや一番長いやつにしちよくれ――

――へえ、長いのはお値段も少々張りますが――

――いや銭は持って来ちよる。何しろ一生一代の買物ぢゃけん一番良いのをおくれ――

――ご覧のようにいい色合いでございます――

――黒々とした深味のあるいい色合いじゃな――

――手で持ちますと肌ざわりも最高でございます――

――何とも良い手ざわりじゃ――

と高い黒繻子の帯を買った。

さて、村へ帰ると誰かに見せて自慢したくてたまらない。しかし一軒一軒持って廻って見せる訳にもいかないしと考えた末、そうだ柿の木に登って下を通る人にそれとなく見せることにしよう、と吉四六さんは道端の柿の木に登ることとなった。

さて、村道の先の方から男衆（おとこし）が一人やって来た。

――おゝ、吉四六さん、柿ちぎりかえ――

――あゝ、柿を一つちぎらうと思うち――

吉四六さんは、うんと踏んまたがって横の枝を踏んだ。枝がゆらっと揺れて、いきおい余って一物が褌からはずれた。男は下から見上げているから、咄嗟に、

――長えなあ！――

――あゝ、短えのもあったけど、一番高けえ長げえのにしちもろうたんじゃ――

――黒いなあ！――

――あゝ、この黒い色合いがまた何とも云えんのじゃ！――

――つやもいいなあ！――

――ええそうじゃあ、手ざわりもスベスベして大層いい気分じゃあ――

講堂に集められた女子挺身隊は、たまったものぢゃない。気のどくなことに講堂の床をころげ廻り、死ぬ程笑って起き上がれない。弁士はおわりますと云って、何くわぬ顔で演壇から降りて来た。

さて、困ったのは復命書を書かねばならぬ役人である。父は浮かぬ顔をして帰って来たらしく、家中暗かった。

永いこと、くだらん話だと思っていた。今これを見てさすが農民魂はすごいと思った。彼は戰爭に反対であった。戰爭肯定の説話はできない。と云って反対の発言を云う訳にはいかない。このような表現をもって、戦爭反対の意思を表現したものと思うに到った。農民は凄い。

父は県庁を辞めて戦後帰農した。生まれて初めてする百姓に家族みんな閉口した。まず諸（いも）が出来た。護国という大形の諸で、あまりおいしくなかった。かぼちゃはよく成った。ぼうぶらと云って瓢箪型のかぼちゃで、今でもその形を見ると食傷気味の吐気がする。

父はしきりとパン焼釜を作りたがったが、母は真剣に反対した。その内、店にパンが出た時、父は菓子パンと云っても大したものではないが買ってきて、うまいうまいと感心しながら、三つ四つ一度に食べた。そしたら夕飯が食べれない。父はやっぱりパン食は腹持ちが良いと云って妙に感心するので、家中の失笑を買った。

何とか生活を元にもどして、父は平成になってから死んだ。

終戦直後の農地改革は、アメリカの占領政策の一環であったのか、先鋭思想の発露であったのかその本質はよく判らないが、農地細分化をはかる結果となり、明治から進めて来た前田樋田等の農政とは真逆の方向であった。

『農業振興策』は、ゲラ刷りの段階か、友人、識者に読んでもらったとみえ、本文の欄外に意見が書かれている。單に樋田魯一の私見ではなく明治黎明期の識者の総説であると云える。『農業振興策』末尾には次のように記載されている。

賜批評諸家住所姓名

東京府麹町七丁目　井上　毅君
茨城県水戸上市　磯貝　靜藏君
秋田県南秋田郡山田村　石川理紀之助君
東京府麹町区壹番町　道家　齋君
山形県南村山郡山形　尾形　道平君
東京府本郷弓町貳丁目　奥　並繼君
静岡県庵原郡清見寺　大塚義一郎君
東京府湯島切通坂町　織田　完之君

福岡県福岡　　　　　　堤　　獻久君
埼玉県大里郡胄山村　　根岸　武香君
東京府麹町区三番町　　村上　要信君
東京府本鄉駒込西片町　野口　勝一君
東京府麴町元園町二丁目
　　　　　　農學士　澤野　　淳君
山梨縣北巨摩郡穴山村　八代　駒雄君
秋田縣南秋田郡秋田　　小泉吉太郎君
和歌山縣和歌山　　　　秋山　恕卿君
東京府牛込上宮比町　　衣笠　豪谷君
東京府南豐島郡代々木村
　　　　　　子爵　品川彌二郎君
東京府四ツ谷左門町　　兩角　　寬君

東京府北豊島郡巣鴨村　關塲　忠武君

樋田魯一は大正四年三月、横浜市鶴見の総持寺の法会に参列して倒れ、三日後の三月三十日死亡した。享年七十七。

孫豊太郎は総持寺の塋域（墓地）に樋田家累代墓を建て、魯一の遺骨を納めた。そしてさらに大正十年に郷里宇佐市樋田の菩提寺である安栖寺の塋域に魯一の墓を建て、総持寺より分骨した。銘は正面に《樋田魯一君之墓》、他の面に小山正武の撰文が刻まれている。

農業は弥生時代から二千年という永い歴史があるが、今私達が生活するまわりからは少しずつ衰退して行く現実を目のあたりに見た。

先づ明治時代に創立された四日市農学校（四日市農業高校）が、気がついたら宇佐産業科学高校となっており、校名から農業が消えた。

又資料探しのため宇佐市史を調べていたら、昔各小学校に農業補習学校が併設されていたことを知った。これは樋田魯一が明治の始めに、各小学校で農業教育が必要であると説いたことと符合するので書き留める。

天津村立農業補習学校　大正四年創立
長峰村立農業補習学校　大正四年創立
横山村立農業補習学校　大正四年創立
麻生村立農業補習学校　大正六年創立
糸口村立農業補習学校　大正四年創立
高家村立農業補習学校　大正四年創立
八幡村立農業補習学校　大正三年創立
柳ヶ浦村立三洲農業補習学校　大正四年創立
長洲町立実業補習学校　大正四年創立
和間村立農業補習学校　明治四十四年創立

封戸村立農業補習学校　明治四十二年創立
北馬城村立農業補習学校　明治四十三年創立
宇佐町立実業補習学校　大正三年創立
西馬城村立農業補習学校　大正四年創立
駅館村立農業補習学校　大正四年創立
四日市町立農業補習学校　大正六年創立
豊川村立農業補習学校　大正四年創立

この時代に各町村に農業補習学校が作られた。農業補習学校が小学校に付設されたのは農村振興のためであった。なおこれは宇佐市にとどまらず、全国に設立されたと思うが、今は無い。

又、郷里に昔から在った農事試験場もいつの間にか無くなっていた。

昔はけっこう頻繁にあった野菜などの品評会も、行なわれなくなって久しい。しかし幹線道路沿いの道の駅店には、農民が出荷した季節の野菜が並ぶ。

TPP（環太平洋連携協定）的政策についての考察

アメリカ大統領選挙の結果、二〇一七年一月二〇日トランプ氏が大統領に就任した。初日の二十日環太平洋連携協定（TPP）からの離脱を正式表明した。

アメリカの離脱でTPPは発効できなくなり、世界経済の発展を支えてきた自由貿易体制の一角が崩れた。TPPを柱としてきた日本の成長戦略は大転換を迫られることとなる。なおTPPの残照にまだ夢を持っている人が居るので、TPP的な政策（環太平洋パートナーシップ協定）について改めて論ずると、政治では非社会的な組織の排除（暴力団撲滅、麻薬取り締まり、かつての赤線廃止）は、政治の力で排除するのは当然であるが、平穏に暮らしている人々の生活を脅かすような政策は取るべきではない。急に職を追われる人々は行き場が無いのである。

農業について見ると、各家は個人として精一杯の投資をして、農業をやっており、それはかなりの金額である。直ちに転換出来ないものであり、生活が懸かったものである。急に職を追われることとなると行き場が無い。

このような事は、政治の力で極端に行わず、時間を掛けて自然の流れにまかせて無理にならないように行うものである。今までも、維新後一五〇年の歳月を掛けて、人は田舎から都会へ流れて行ったではないか。方法は政治家の良心で考えるべきである。

自分の田圃を出資し、農業法人として会社経営にするという指導があるようだが、全員そこで働けば何のメリットも無い。農機具の買換時期に買い換えず、現物出資された農具を共同使用すれば、その程度の利益が生ずるだけで意味が少ない。農作業をする農夫はその内に農奴化して離脱して行くだろうと、農地の集約化を狙っているようで気持ちが悪い。

明治黎明期の農政は、経営の拡大と農産物の輸出を目指していたが、戰後の農地改革による農業単位の零細化と永年の減反政策によって資本の蓄積が進まず、貧弱な農業資本でどう対応出来るか問題である。

先づ米であるが、日本の市場を目差して作られた外米に、価格の面で完全にしてやられることは間違い無い。

将来の食餌が米から麺類、パンに大きく変っていくことも考えられ、米の将来はかならずしも明るくない。

では麦を作ったら良いじゃないかと云う人も居るだろうが、このチマチマした農地では麦を作っても、農家の生活が成りたたない。気候的にも収穫期が梅雨の雨期にかかる。

輸出はどうか。水稲は栽培に水を多く必要とするので、モンスーン地帯が適作であり食味も良いが、食物の輸出は簡単には進まない。もともと米食の習慣のない所には米の需要はない。

樋田魯一は明治の始めに、ヨーロッパの需要として、料理のライスカレー用にジャワ米、アミヂン（澱粉として菓子用、洗濯糊用）用にインド米と書いている。今は香港や中国の富裕層用として少し輸出があるが、その他は寿司米として世界へ出ておる。

現在寿司店が世界中に進出しているが、寿司米については、寿司米の取れる地力のある地域、田圃は限定され、産米の大部分は普通米であり、又は砂地のパサパサした粘り気の少ない米であり、いかに全国を督励しても、寿司米を大量に産することは出来ない。残念ながら米の輸出はかなりむつかしい。

次に果実である。かつてみかんを輸出しようと政府の指導で皆一所懸命に植えた。やがて、秋になると山はみかんで色が変った。結局失敗して、みかん樹一本伐採何百円かの補助金を出して問題を収拾した。

今、梨が中国の富裕層のおこのみとかで輸出されているらしい。なる程、梨はうまい。しかし果物は適地適作であり、日本中どこに植えても旨い物ができる訳のものではない。気候風土、寒暖土質が作用する。

ブドウも同様である。生食用のブドウは新品種が出たりしておいしい。しかし大量に出るであらうブドウ酒用のブドウは、生食用とは別品種が選ばれるので、雨が多いモンスーン地帯の耕作は大変むつかしいらしい。

桃栗三年柿八年、柚子の大馬鹿十八年と云われている。もっとも柚子は近年改良されて七、八年で実が成るようになったが、どちらにしても簡単には実が成らない。その間、力の無い農民はどうやって食っていけるのか。果樹に植え替えても十年以上たたないと経済的実効は無いのである。

イチゴはどうか。野菜竹の子などは輸出どころでは無い。逆に輸入で攻めたてられて大変だらう。

茶の場合は、輸出には紅茶にするとか飲料にするとか、工夫の方法はあるかと思うが、日本茶のまゝでは喫茶の習慣のないところでは、やはり需要はない。

なお茶葉の生産は温暖な気候が必要で、産地が限定される。

牛ブタ鶏、卵、それぞれむつかしい問題が有りそうだ。

なにせ輸出輸入の関係については、一品ずつの見当と対策が必要となる。

関税撤廃の結果は、関税の柵を取り払うことで、輸出入の関係による国の産業対策が出来なくなるのではないか。政治指導が利かなくなり、資本主義の本質がしゃしゃり出て、強い者が勝つこととならう。

私の住む邑(むら)では、すでにお寺は廃屋となり竹薮(やぶ)となっている。その内田舎が壊れると、地域の店も、学校も、医者も、お寺も、全て成りたたなくなる。鉄道もバスも通じなくなって残った百姓も住めなくなる。地域崩壊が起ることは間違いない。

今、TPPより重要な政治が有るのではなからうか。

あとがき

先に書いた『北山ぶらぶら』では、最後は私の年賀状で終っている。『北山ぶらぶら』の場合は、平成二十年元旦から同書出版の二十四年元旦のもので、農村社会の変貌とつかみかねる将来展望を書いた。その中に樋口魯一のことを書いた年もあった。しかし年賀状の反応は残念ながらほとんど無く、相手から貰う年賀状は十二支の絵など儀礼的なものが多かった。

今回もあとがきにはやはり年賀状を書きたい。『北山ぶらぶら』にも書いたように、年賀状は私が長いあいだ関心を持ってきた財政、経済の論文である。

謹賀新年

ＴＰＰとは津浪を前にして防波堤を取り払うようなもの。

関税で輸出入の調整をしながら国の産業政策を行っているのに、この壁を取りのぞけば国の政策は通ぜず、強いところの言いなりとなることは間違いない。

経済界は日本の産業が強いと思い上がっているようだが、今強いと思っていた電器産業を見るがいい。

農村を破壊することによって結果はどうなるか、皆様がお分かりの通りである。自由貿易という美名に酔うことなく、農業を生け贄として捧げるＴＰＰには絶対反対。

平成二十五年元旦

鬼を探してはや二年。それがまた大変に面白いのです。毎日を楽しく過ごしております。

人間、年を取ると自然と分かるものもある。分からないものもある。鬼の来た道が見えてきた気がします。

さあ、今年も張り切って鬼を追っかけます。

平成二十七年元旦

まずはTPPについて一言。

輸出輸出とおっしゃるけれど、百姓の皆さん、お宅の畑の何を外国へ輸出するのか実感が持てますか。

田舎は荒れ始め空き家が目立ちます。

偉い方々よ、百姓を一人も路頭に迷わせぬよう、しっかりたのみます。

親鸞がとまどい、孔子が敬遠した鬼。その深淵をのぞき、魅せられて、鬼の探求に日夜多忙をきわめております。

平成二十八年元旦

なんぼ金を湯水のようにぶっ掛けても、景気は上がりません。景気の原動力は需要です。第三の矢か第四の矢か知らないが、需要がないのにいくら金融だけゆるめても駄目で、住む人のない投資マンションが建つのがオチ。

『近代農政を作った人達――樋田魯一と南一郎平のこと』を書きました。春までには書店に並ぶこととなります。

御支援の程をよろしくお願いいたします。

平成二十九年元旦

年賀状に樋田魯一のことを書いたのは、六年前である。

謹賀新年

樋田魯一（ひだろいち）のこと、平成十一年ルクセンブルク大公、同妃殿下が来朝されたおり、宮中晩餐会で、天皇陛下のお言葉に、「貴国を訪れた日本人で記録に残っておるのは……樋田魯一であります。」

樋田魯一は明治の始め官命によりヨーロッパの農業視察に出かけた。帰朝後明治二十一年『農業振興策』を発表し、日本農業の指針を示した。

——農業金融と資本の充実。生産、販売、購買組合。農機具の協同使用。耕地の区画整理、交換分合、農道。農会、農学校、巡回教師、共進会、農業試験場の開設。牛馬の改良、種畜場、牧場。灌漑、排水、干拓、開墾。米、特産品の輸出。農業保険等。そこに間違いはない。——今グローバル化の大波が根底を洗っている。どうしたら田舎を残せるか、大問題である。

平成二十三年元旦

と当時、樋田魯一の業績と農政の問題を論じている。

思い出すと、この時に農林省版の『農業振興策』を古書で買った。読みづらいガリ版刷りであった。

妻周子と結婚した頃の話であるが、妻の母織が「役所の人がみえて、二階で魯一さんのことを調べていったのよ」と話していたが、これかと思った。この本の発行が昭和三十五年七月となっている。なつかしく思った。

樋田の家は明治十年の西南の役に焼かれたらしく、明治二十年代に再建された。しかし誰も住むことがなく、大きな家が空き家のまゝ建っていた。

昭和十八年九月十七日、文部省に勤めていた豐太郎が没し、残された家族は、戦争で住みづらくなった東京を捨てて郷里樋田へ帰ってきた。織の父眞上眞一(まがみしんいち)(二十九頁参照。宇佐町長)は、日豊本線豊前善光寺駅まで迎えに出て、汽車の着くのを待っていた。

樋田の家へ帰ったのである。戦後まで樋田で暮らした。

長兄並滋は東大国史科の助手をしていたが、後に帰って郷里の旧制宇佐中学校の教師になった。

時がたって、子供達はそれぞれに成長し、母織も年老いて死亡し、樋田の大きな家はまた空き家になった。

近年になって、世間で空き家が問題となりだした。色々と迷った末に、長兄並滋の長男洋一君が、もはや取り壊すしかないと決断して、東京から何度も来て取り壊すことになった。かなりの出費である。

平成二十七年四月十七日、内輪で樋田のお庭で料理を取って家とのお別れ会をした。過ぎ去った思い出がなつかしい。よく晴れた暖かい春であった。

その前のある日、樋田家の最後の片付けに行った周子が、重い大きな皮のトランクを北山の家までやっとの思いで持ち帰ってきた。開かないという。何が入っているのか想像もつかなかったが、重かった。無理にこじ開けたら本であった。樋田豊太郎が大学の講義に使ったであらう農業法制史の本や、魯一の『歐米巡回取調書』全七冊、『農業振興策』一冊、印旛手賀両沼排水開拓株式会社のノート一冊、木片を薄く剝いだ樋田魯一直筆の名刺数枚であった。

多分この荷造りは、豐太郎が福岡から東京へ転勤した時そのまゝの荷姿であったのではなからうか。

ここから樋田魯一の研究が本格的に始まった。

加來　英司（かく　えいじ）

昭和４年（1929）生れ。福岡國税局を退職後、郷里北山で農業。院内町農業委員。北山区長。両川地区区長会長。院内町連合区長会会長。両川東長寿会（老人クラブ）会長。両川長寿会会長。院内町老人クラブ連合会会長。宇佐市老人クラブ連合会副会長。

既刊
『北山ぶらぶら』

近代農政を作った人達
樋田魯一と南一郎平のこと

2017年４月17日　初版発行

著　者　加 來 英 司
発行者　中 田 典 昭
発行所　東京図書出版
発売元　株式会社 リフレ出版
〒113-0021　東京都文京区本駒込 3-10-4
電話 (03)3823-9171　FAX 0120-41-8080
印　刷　株式会社 ブレイン

ISBN978-4-86641-044-9 C0061
Printed in Japan 2017

ご意見、ご感想をお寄せ下さい。

［宛先］〒113-0021　東京都文京区本駒込 3-10-4
東京図書出版